# Collins

# Big book of
# Su Doku

Book
**10**

Published by Collins
An imprint of HarperCollins Publishers

HarperCollins Publishers
Westerhill Road
Bishopbriggs
Glasgow G64 2QT
www.harpercollins.co.uk

HarperCollins *Publishers*,
Macken House,
39/40 Mayor Street Upper,
Dublin 1,
D01 C9W8
Ireland

10 9 8 7 6 5 4 3

© HarperCollins Publishers 2022

All puzzles supplied by Clarity Media

ISBN 978-0-00-850974-3

Printed and bound in the UK using 100% renewable electricity at CPI Group (UK) Ltd

If you would like to comment on any aspect of this book, please contact us at the given address or online.
E-mail: puzzles@harpercollins.co.uk

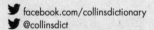

facebook.com/collinsdictionary
@collinsdict

MIX
Paper | Supporting responsible forestry
FSC
www.fsc.org
FSC™ C007454

This book contains FSC™ certified paper and other controlled sources to ensure responsible forest management.

For more information visit: www.harpercollins.co.uk/green

# EASY
# SU DOKU

# PUZZLE 1

| | | | | | | | 9 | |
|---|---|---|---|---|---|---|---|---|
| | 1 | | 2 | 8 | | | | 6 |
| 8 | 2 | 9 | 3 | 6 | | | 1 | |
| | 3 | | 5 | 9 | | 6 | 8 | |
| | 5 | | 6 | | 1 | | 7 | |
| | 6 | 7 | | 2 | 8 | | 5 | |
| | 8 | | | 5 | 2 | 1 | 6 | 7 |
| 6 | | | | 7 | 3 | | 2 | |
| | 7 | | | | | | | |

# PUZZLE 2

|   |   |   | 2 | 1 |   | 7 |   | 6 |
|---|---|---|---|---|---|---|---|---|
|   | 7 |   |   | 6 | 4 | 9 | 5 |   |
|   |   |   |   |   |   |   | 1 |   |
|   | 6 | 4 |   | 3 |   | 5 |   | 9 |
| 1 |   |   | 6 |   | 7 |   |   | 3 |
| 2 |   | 3 |   | 9 |   | 1 | 6 |   |
|   | 1 |   |   |   |   |   |   |   |
|   | 3 | 2 | 9 | 5 |   |   | 7 |   |
| 6 |   | 7 |   | 4 | 3 |   |   |   |

5

# PUZZLE 3

| 1 | 9 |   |   | 6 |   |   | 5 | 4 |
|---|---|---|---|---|---|---|---|---|
|   |   |   | 9 |   |   | 7 |   |   |
| 6 |   | 7 |   | 4 |   | 3 |   | 9 |
| 7 | 8 |   |   |   |   | 6 |   |   |
|   | 6 | 5 |   |   |   | 4 | 8 |   |
|   |   | 3 |   |   |   |   | 7 | 5 |
| 4 |   | 6 |   | 9 |   | 5 |   | 7 |
|   |   | 9 |   |   | 5 |   |   |   |
| 5 | 1 |   |   | 3 |   |   | 9 | 6 |

# PUZZLE 4

| 8 | 6 |   |   |   |   | 5 | 7 |   |
|---|---|---|---|---|---|---|---|---|
|   |   | 9 | 5 |   |   | 1 | 6 | 4 |
|   |   | 5 |   |   |   |   |   | 9 |
|   | 9 | 2 |   | 6 |   |   |   | 8 |
| 4 |   |   | 1 |   | 2 |   |   | 6 |
| 6 |   |   |   | 9 |   | 2 | 5 |   |
| 7 |   |   |   |   |   | 6 |   |   |
| 1 | 5 | 6 |   |   | 4 | 9 |   |   |
|   | 2 | 4 |   |   |   |   | 8 | 1 |

# PUZZLE 5

| 1 |   | 5 |   | 8 |   | 7 | 6 | 9 |
|---|---|---|---|---|---|---|---|---|
| 2 |   |   | 5 | 1 | 9 |   |   |   |
|   |   |   |   |   |   | 1 |   |   |
|   | 8 |   |   |   | 3 | 4 |   |   |
| 5 | 7 |   | 6 |   | 8 |   | 9 | 3 |
|   |   | 9 | 1 |   |   |   | 8 |   |
|   |   | 6 |   |   |   |   |   |   |
|   |   |   | 8 | 2 | 1 |   |   | 6 |
| 8 | 2 | 3 |   | 6 |   | 5 |   | 1 |

# PUZZLE 6

|   |   | 3 | 7 | 1 | 2 |   | 5 |   |
|---|---|---|---|---|---|---|---|---|
|   | 5 |   | 9 | 6 |   | 7 |   | 8 |
|   |   |   |   |   | 5 |   |   | 3 |
| 6 |   |   | 4 | 3 |   |   |   |   |
|   |   | 8 | 5 |   | 7 | 4 |   |   |
|   |   |   |   | 8 | 6 |   |   | 1 |
| 9 |   |   | 1 |   |   |   |   |   |
| 3 |   | 5 |   | 7 | 8 |   | 2 |   |
|   | 2 |   | 3 | 5 | 9 | 8 |   |   |

# PUZZLE 7

|   | 7 |   | 1 |   |   | 9 | 5 |   |
|---|---|---|---|---|---|---|---|---|
| 1 |   |   |   | 7 | 8 |   |   | 2 |
|   |   | 3 | 9 |   | 5 | 7 |   | 1 |
|   | 1 |   | 3 | 4 |   |   |   |   |
| 3 |   |   |   |   |   |   |   | 9 |
|   |   |   |   | 9 | 1 |   | 7 |   |
| 2 |   | 4 | 5 |   | 9 | 8 |   |   |
| 7 |   |   | 6 | 8 |   |   |   | 5 |
|   | 8 | 5 |   |   | 3 |   | 9 |   |

# PUZZLE 8

|   |   |   |   |   | 2 | 7 |   |   |
|---|---|---|---|---|---|---|---|---|
|   | 3 |   |   |   |   |   | 2 |   |
| 4 | 2 |   | 7 |   |   |   | 1 |   |
|   | 6 | 2 | 1 |   | 9 | 4 | 3 |   |
| 1 | 9 |   | 3 |   | 6 |   | 5 | 7 |
|   | 4 | 3 | 2 |   | 5 | 1 | 6 |   |
|   | 1 |   |   |   | 7 |   | 9 | 6 |
|   | 8 |   |   |   |   |   | 7 |   |
|   |   | 6 | 9 |   |   |   |   |   |

# PUZZLE 9

| | | | | | | 6 | | 2 |
|---|---|---|---|---|---|---|---|---|
| 2 | | 3 | | | 7 | 5 | | 4 |
| | | | | | 2 | | 7 | |
| | 9 | 8 | | 7 | | 2 | | 5 |
| 4 | | 1 | | 8 | | 9 | | 7 |
| 5 | | 6 | | 4 | | 1 | 8 | |
| | 5 | | 4 | | | | | |
| 8 | | 7 | 5 | | | 4 | | 6 |
| 1 | | 4 | | | | | | |

# PUZZLE 10

| 2 | 9 |   |   |   |   |   | 1 |   |
|---|---|---|---|---|---|---|---|---|
|   | 8 |   | 6 |   | 1 |   |   |   |
|   | 3 | 1 |   |   | 9 |   | 4 | 8 |
|   |   | 3 | 1 |   | 5 |   |   | 4 |
| 8 |   |   |   | 7 |   |   |   | 1 |
| 1 |   |   | 8 |   | 6 | 2 |   |   |
| 3 | 6 |   | 2 |   |   | 4 | 9 |   |
|   |   |   | 9 |   | 3 |   | 6 |   |
|   | 7 |   |   |   |   |   | 3 | 2 |

# PUZZLE 11

| | 1 | | 7 | | | | | 8 |
|---|---|---|---|---|---|---|---|---|
| 4 | 7 | | 8 | | 9 | | | |
| | | | | | | 2 | | 7 |
| 1 | | 9 | | 8 | | 5 | | |
| 7 | 2 | 4 | | 1 | | 9 | 8 | 3 |
| | | 8 | | 9 | | 1 | | 2 |
| 6 | | 1 | | | | | | |
| | | | 9 | | 6 | | 4 | 1 |
| 9 | | | | | 3 | | 2 | |

# PUZZLE 12

|   | 7 |   |   |   |   | 4 | 5 | 6 |
|---|---|---|---|---|---|---|---|---|
| 4 |   | 8 |   | 3 |   | 2 |   |   |
|   | 2 | 5 |   |   |   |   |   | 8 |
|   |   | 4 |   |   | 3 |   | 8 |   |
| 8 | 5 |   |   | 9 |   |   | 2 | 3 |
|   | 3 |   | 7 |   |   | 6 |   |   |
| 2 |   |   |   |   |   | 5 | 6 |   |
|   |   | 9 |   | 4 |   | 8 |   | 2 |
| 6 | 4 | 7 |   |   |   |   | 3 |   |

# PUZZLE 13

| 7 | 9 | 3 |   |   |   | 6 |   |   |
|---|---|---|---|---|---|---|---|---|
|   |   | 6 | 9 |   |   |   | 8 | 3 |
| 8 | 4 |   | 6 |   |   |   |   |   |
|   |   |   |   |   | 5 |   | 1 | 9 |
|   | 5 |   | 3 | 2 | 7 |   | 6 |   |
| 4 | 7 |   | 1 |   |   |   |   |   |
|   |   |   |   |   | 3 |   | 9 | 2 |
| 2 | 1 |   |   |   | 6 | 3 |   |   |
|   |   | 7 |   |   |   | 1 | 5 | 6 |

# PUZZLE 14

|   |   |   | 4 |   |   | 5 |   |   |
|---|---|---|---|---|---|---|---|---|
| 7 |   |   |   | 5 |   | 2 | 6 |   |
|   | 5 |   |   |   |   | 7 | 3 | 4 |
|   | 6 |   |   |   | 5 | 8 |   |   |
|   | 7 | 5 | 3 | 2 | 8 | 9 | 4 |   |
|   |   | 8 | 6 |   |   |   | 7 |   |
| 5 | 2 | 4 |   |   |   |   | 9 |   |
|   | 8 | 3 |   | 6 |   |   |   | 7 |
|   |   | 7 |   |   | 4 |   |   |   |

# PUZZLE 15

| 4 | 7 |   |   |   |   |   |   | 8 |
|---|---|---|---|---|---|---|---|---|
|   | 3 |   |   |   | 4 |   | 2 |   |
| 2 |   | 6 | 8 |   |   | 4 | 3 | 7 |
|   |   |   | 4 | 5 |   |   |   |   |
|   | 4 |   | 3 | 2 | 7 |   | 8 |   |
|   |   |   | 1 | 9 |   |   |   |   |
| 7 | 1 | 4 |   |   | 2 | 8 |   | 6 |
|   | 2 |   | 1 |   |   |   | 7 |   |
| 8 |   |   |   |   |   |   | 9 | 1 |

# PUZZLE 16

|   | 7 | 9 | 1 | 3 |   |   | 2 | 4 |
|---|---|---|---|---|---|---|---|---|
| 1 | 2 |   |   | 4 | 7 |   |   |   |
|   | 3 |   |   |   |   |   |   |   |
| 7 |   |   |   | 6 |   |   |   | 5 |
|   | 6 | 5 |   | 8 |   | 4 | 1 |   |
| 3 |   |   |   | 1 |   |   |   | 2 |
|   |   |   |   |   |   |   | 4 |   |
|   |   |   | 2 | 7 |   |   | 5 | 6 |
| 6 | 1 |   |   | 5 | 4 | 2 | 3 |   |

# PUZZLE 17

|   |   | 5 |   | 2 | 1 |   |   | 8 |
|---|---|---|---|---|---|---|---|---|
| 6 |   |   | 8 | 3 |   | 9 | 1 |   |
|   | 9 |   |   |   | 5 |   | 7 |   |
|   |   |   |   |   |   |   | 8 | 4 |
|   | 7 | 4 |   | 8 |   | 5 | 3 |   |
| 5 | 8 |   |   |   |   |   |   |   |
|   | 1 |   | 5 |   |   |   | 2 |   |
|   | 5 | 9 |   | 7 | 2 |   |   | 1 |
| 4 |   |   | 3 | 1 |   | 8 |   |   |

# PUZZLE 18

| 5 |   | 7 |   |   |   | 1 | 6 |   |
|---|---|---|---|---|---|---|---|---|
|   | 3 | 6 |   |   | 5 |   |   |   |
| 1 |   | 8 | 2 |   | 7 |   | 9 |   |
|   | 6 |   |   | 2 | 4 |   |   |   |
|   | 5 |   |   | 9 |   |   | 4 |   |
|   |   |   | 5 | 8 |   |   | 3 |   |
|   | 8 |   | 6 |   | 2 | 9 |   | 4 |
|   |   |   | 4 |   |   | 8 | 7 |   |
|   | 7 | 4 |   |   |   | 6 |   | 3 |

# PUZZLE 19

| 3 |   |   | 1 |   |   |   | 8 |   |
|---|---|---|---|---|---|---|---|---|
|   | 6 | 5 |   |   | 8 | 1 |   |   |
| 9 |   | 8 | 5 | 3 |   |   | 4 |   |
|   |   |   | 8 | 6 |   |   |   |   |
| 8 |   | 1 |   | 2 |   | 6 |   | 4 |
|   |   |   |   | 1 | 5 |   |   |   |
|   | 9 |   |   | 8 | 4 | 3 |   | 1 |
|   |   | 7 | 9 |   |   | 4 | 6 |   |
|   | 3 |   |   |   | 1 |   |   | 8 |

# PUZZLE 20

| | 4 | | 9 | | 1 | | | 8 |
|---|---|---|---|---|---|---|---|---|
| | | 6 | 4 | 8 | | | | |
| 9 | | | | | | 6 | 4 | |
| | 1 | | | | | 8 | 5 | 4 |
| 6 | 8 | | | 4 | | | 9 | 3 |
| 7 | 9 | 4 | | | | | 1 | |
| | 7 | 1 | | | | | | 9 |
| | | | | 1 | 6 | 4 | | |
| 4 | | | 8 | | 9 | | 3 | |

# PUZZLE 21

| | | | | | | | | |
|---|---|---|---|---|---|---|---|---|
| 6 | | 2 | | 9 | 7 | | 4 | 8 |
| | 9 | | | 3 | 2 | | | 7 |
| | 1 | | | 4 | | | | 2 |
| | | | | | | | | 6 |
| 3 | | 6 | | 7 | | 2 | | 5 |
| 1 | | | | | | | | |
| 9 | | | | 8 | | | 2 | |
| 2 | | | 7 | 5 | | | 8 | |
| 5 | 6 | | 9 | 2 | | 7 | | 1 |

# PUZZLE 22

| | | 2 | 4 | | 1 | 8 | | |
|---|---|---|---|---|---|---|---|---|
| | | | | 6 | | 1 | | 4 |
| | | 4 | | | | | 6 | 5 |
| 5 | 6 | | 9 | | | 4 | | 8 |
| 9 | | | | 5 | | | | 2 |
| 2 | | 7 | | | 4 | | 5 | 3 |
| 7 | 2 | | | | | 3 | | |
| 8 | | 9 | | 2 | | | | |
| | | 5 | 3 | | 6 | 2 | | |

# PUZZLE 23

| | 2 | 5 | | | | 7 | | |
|---|---|---|---|---|---|---|---|---|
| 7 | 4 | | 3 | 8 | | | 6 | 2 |
| 8 | | | | | 7 | | | |
| | | 9 | | 6 | | 5 | | 1 |
| 2 | | | | 1 | | | | 7 |
| 5 | | 7 | | 4 | | 3 | | |
| | | | 1 | | | | | 4 |
| 1 | 5 | | | 7 | 4 | | 3 | 9 |
| | | 4 | | | | 1 | 7 | |

# PUZZLE 24

| | | | | | 9 | | 2 | 4 |
|---|---|---|---|---|---|---|---|---|
| | | | 1 | | 2 | 9 | | |
| | 2 | | 6 | 4 | | | 1 | |
| 7 | 6 | 4 | 2 | | | 3 | | |
| 5 | | | | 8 | | | | 2 |
| | | 2 | | | 3 | 4 | 6 | 5 |
| | 7 | | | 6 | 4 | | 5 | |
| | | 1 | 5 | | 8 | | | |
| 4 | 5 | | 3 | | | | | |

27

# PUZZLE 25

| 3 | 5 |   |   |   |   |   |   |   |
|---|---|---|---|---|---|---|---|---|
|   | 8 |   | 5 | 2 | 9 |   |   |   |
| 2 |   |   |   | 8 | 1 |   | 5 |   |
| 7 |   | 3 | 9 |   |   |   |   | 6 |
|   | 2 |   | 7 | 5 | 6 |   | 3 |   |
| 5 |   |   |   |   | 3 | 8 |   | 7 |
|   | 1 |   | 8 | 3 |   |   |   | 5 |
|   |   |   | 1 | 6 | 5 |   | 7 |   |
|   |   |   |   |   |   |   | 1 | 8 |

# PUZZLE 26

|   | 8 | 3 |   |   | 5 |   |   |   |
|---|---|---|---|---|---|---|---|---|
| 4 |   |   |   | 8 |   | 3 | 5 |   |
| 1 | 9 |   | 3 |   |   |   |   |   |
|   | 4 |   | 1 | 9 |   |   | 2 |   |
| 6 | 3 |   |   | 4 |   |   | 1 | 7 |
|   | 1 |   |   | 3 | 2 |   | 4 |   |
|   |   |   |   |   | 3 |   | 6 | 9 |
|   | 2 | 9 |   | 6 |   |   |   | 1 |
|   |   |   | 2 |   |   | 4 | 3 |   |

# PUZZLE 27

| 9 |   | 3 |   | 5 |   |   |   | 1 |
|---|---|---|---|---|---|---|---|---|
|   |   | 4 | 1 |   |   | 3 |   |   |
| 1 | 7 |   | 6 |   |   | 5 |   | 8 |
|   |   | 1 |   |   |   |   | 7 |   |
| 7 |   | 8 |   | 1 |   | 6 |   | 2 |
|   | 3 |   |   |   |   | 8 |   |   |
| 4 |   | 5 |   |   | 1 |   | 9 | 7 |
|   |   | 9 |   |   | 2 | 4 |   |   |
| 8 |   |   |   | 4 |   | 1 |   | 6 |

# PUZZLE 28

| 7 | 1 |   |   | 4 |   |   |   | 9 |
|---|---|---|---|---|---|---|---|---|
| 9 |   | 6 | 3 |   |   |   | 1 |   |
|   | 8 | 3 |   |   | 9 |   |   |   |
| 2 |   |   |   | 8 |   | 6 |   |   |
| 4 | 3 |   |   | 6 |   |   | 7 | 5 |
|   |   | 8 |   | 3 |   |   |   | 1 |
|   |   | 7 |   |   |   | 3 | 9 |   |
|   | 9 |   |   |   | 3 | 7 |   | 6 |
| 3 |   |   |   | 9 |   |   | 5 | 2 |

# PUZZLE 29

| 6 | 7 |   |   |   |   |   | 5 | 2 |
|---|---|---|---|---|---|---|---|---|
| 5 | 2 | 1 | 8 |   |   | 9 |   |   |
|   | 3 | 9 |   |   |   |   |   | 6 |
|   |   |   |   | 7 | 1 |   | 9 |   |
| 9 |   |   |   | 2 |   |   |   | 1 |
|   | 1 |   | 3 | 4 |   |   |   |   |
| 3 |   |   |   |   |   | 7 | 1 |   |
|   |   | 5 |   |   | 3 | 2 | 8 | 9 |
| 1 | 9 |   |   |   |   |   | 6 | 3 |

# PUZZLE 30

| 7 |   | 8 |   |   | 4 |   |   | 2 |
|   |   | 9 |   |   | 5 |   |   |   |
| 6 | 4 |   | 8 |   |   |   | 1 | 5 |
|   |   |   | 2 | 4 | 6 | 3 |   |   |
| 4 |   |   |   | 3 |   |   |   | 8 |
|   |   | 6 | 5 | 8 | 7 |   |   |   |
| 5 | 9 |   |   |   | 8 |   | 7 | 6 |
|   |   |   | 7 |   |   | 4 |   |   |
| 1 |   |   | 4 |   |   | 5 |   | 3 |

# PUZZLE 31

|   | 5 |   |   |   | 2 | 9 | 7 |   |
|---|---|---|---|---|---|---|---|---|
| 9 | 4 | 3 |   |   | 8 |   |   | 1 |
| 2 |   | 6 |   |   |   |   |   |   |
|   |   | 9 | 5 |   |   | 6 |   | 8 |
|   |   |   | 9 | 8 | 4 |   |   |   |
| 1 |   | 4 |   |   | 7 | 5 |   |   |
|   |   |   |   |   |   | 8 |   | 7 |
| 4 |   |   | 8 |   |   | 1 | 2 | 9 |
|   | 1 | 8 | 2 |   |   |   | 5 |   |

# PUZZLE 32

|   |   |   |   | 2 |   | 8 | 1 |   |
|---|---|---|---|---|---|---|---|---|
|   |   |   |   |   | 5 | 6 |   | 4 |
|   |   | 8 |   | 6 | 7 | 9 |   | 2 |
| 4 |   |   | 3 | 7 |   | 2 |   |   |
|   |   |   | 8 | 1 | 2 |   |   |   |
|   |   | 2 |   | 5 | 4 |   |   | 1 |
| 8 |   | 1 | 7 | 3 |   | 4 |   |   |
| 7 |   | 6 | 5 |   |   |   |   |   |
|   | 3 | 9 |   | 4 |   |   |   |   |

# PUZZLE 33

|   | 4 | 6 |   | 1 |   | 8 | 2 |   |
|---|---|---|---|---|---|---|---|---|
| 2 |   | 5 | 8 |   |   |   | 4 |   |
| 1 |   |   |   | 2 |   | 9 |   | 6 |
|   |   |   |   |   | 2 | 6 |   |   |
| 8 |   |   |   | 4 |   |   |   | 2 |
|   |   | 2 | 1 |   |   |   |   |   |
| 5 |   | 1 |   | 3 |   |   |   | 7 |
|   | 8 |   |   |   | 1 | 3 |   | 9 |
|   | 3 | 9 |   | 5 |   | 2 | 1 |   |

# PUZZLE 34

| | | | | | | | | |
|---|---|---|---|---|---|---|---|---|
| | 2 | | | | | | 3 | |
| 6 | 5 | | | 8 | | | 2 | 9 |
| | | 7 | | 9 | | 8 | 6 | |
| | | 2 | 1 | | | | 7 | |
| 7 | | | 8 | | 2 | | | 6 |
| | 8 | | | | 9 | 2 | | |
| | 7 | 3 | | 2 | | 5 | | |
| 2 | 9 | | | 5 | | | 4 | 3 |
| | 6 | | | | | | 8 | |

# PUZZLE 35

| | | | | | | | | |
|---|---|---|---|---|---|---|---|---|
| | | | 8 | | | | 4 | 9 |
| | | 8 | 7 | | | 2 | 3 | |
| | | 3 | 6 | | | 7 | | 8 |
| 7 | | | | | 8 | | | |
| | 2 | 5 | 4 | | 3 | 9 | 6 | |
| | | | 5 | | | | | 3 |
| 1 | | 4 | | | 2 | 3 | | |
| | 5 | 7 | | | 6 | 4 | | |
| 3 | 9 | | | | 4 | | | |

# PUZZLE 36

| | | | | | | | | |
|---|---|---|---|---|---|---|---|---|
| 3 | | | 6 | | | | | |
| 4 | | 6 | | 2 | 9 | | | |
| | 9 | 8 | 1 | 4 | 3 | 6 | | |
| 1 | | 3 | | | | | | |
| 8 | | 9 | | | | 2 | | 3 |
| | | | | | | 4 | | 1 |
| | | 4 | 8 | 5 | 2 | 1 | 3 | |
| | | | 9 | 1 | | 8 | | 2 |
| | | | | | 6 | | | 5 |

# PUZZLE 37

| | | | | | | | | |
|---|---|---|---|---|---|---|---|---|
| | | | | | | 8 | 6 | |
| | 6 | | 1 | 8 | 4 | | | 7 |
| | | 9 | 5 | | | | 2 | 3 |
| 6 | | | | 1 | 5 | | | |
| | | 5 | 8 | | 7 | 6 | | |
| | | | 6 | 2 | | | | 9 |
| 7 | 3 | | | | 2 | 9 | | |
| 9 | | | 3 | 6 | 8 | | 7 | |
| | 4 | 8 | | | | | | |

# PUZZLE 38

|   |   |   |   |   |   | 8 |   | 3 |
|---|---|---|---|---|---|---|---|---|
| 8 |   |   | 7 |   |   | 6 | 2 |   |
|   | 3 | 2 | 9 |   |   |   | 1 |   |
| 2 | 8 |   |   |   |   | 4 |   |   |
| 4 |   | 1 | 2 |   | 7 | 5 |   | 8 |
|   |   | 3 |   |   |   |   | 6 | 2 |
|   | 4 |   |   |   | 8 | 3 | 5 |   |
|   | 2 | 6 |   |   | 4 |   |   | 7 |
| 1 |   | 8 |   |   |   |   |   |   |

# PUZZLE 39

| 9 |   |   |   |   | 3 |   |   |   |
|---|---|---|---|---|---|---|---|---|
| 6 | 8 |   | 4 | 9 | 7 |   | 2 | 1 |
|   |   |   |   | 1 | 2 |   | 9 |   |
| 7 |   |   |   |   |   | 1 |   |   |
| 2 | 4 |   |   |   |   |   | 3 | 9 |
|   |   | 6 |   |   |   |   |   | 8 |
|   | 6 |   | 9 | 8 |   |   |   |   |
| 1 | 2 |   | 7 | 6 | 4 |   | 8 | 3 |
|   |   |   | 3 |   |   |   |   | 7 |

# PUZZLE 40

|   | 6 | 1 |   |   |   |   |   |   |
|---|---|---|---|---|---|---|---|---|
| 2 |   |   | 5 |   | 3 |   |   | 1 |
|   | 5 | 3 | 7 | 4 |   |   | 6 |   |
| 7 | 8 |   |   |   | 6 |   |   |   |
|   |   | 5 | 2 |   | 7 | 6 |   |   |
|   |   |   | 1 |   |   |   | 7 | 8 |
|   | 3 |   |   | 1 | 5 | 4 | 8 |   |
| 5 |   |   | 4 |   | 9 |   |   | 6 |
|   |   |   |   |   |   | 9 | 1 |   |

# PUZZLE 41

| | | | | | | | | |
|---|---|---|---|---|---|---|---|---|
| 3 | | 4 | | 9 | 6 | | 8 | |
| 7 | | | 1 | | | | | |
| | 9 | | | | 3 | | 6 | |
| 4 | 7 | 2 | | | 5 | | 1 | 6 |
| | | | | | | | | |
| 6 | 1 | | 4 | | | 3 | 7 | 5 |
| | 4 | | 3 | | | | 2 | |
| | | | | | 4 | | | 1 |
| | 5 | | 9 | 6 | | 8 | | 4 |

# PUZZLE 42

|   |   | 3 | 4 |   |   | 9 | 1 |   |
|---|---|---|---|---|---|---|---|---|
|   |   | 7 | 3 |   | 8 |   | 6 |   |
|   |   |   |   | 1 |   | 3 |   |   |
|   | 4 |   | 5 | 9 | 3 | 7 |   |   |
|   | 7 |   |   |   |   |   | 3 |   |
|   |   | 9 | 6 | 8 | 7 |   | 4 |   |
|   |   | 6 |   | 3 |   |   |   |   |
|   | 3 |   | 8 |   | 5 | 4 |   |   |
|   | 8 | 4 |   |   | 2 | 1 |   |   |

# PUZZLE 43

| 2 | 3 |   | 5 |   |   |   | 4 | 7 |
|   | 8 | 7 |   |   | 2 |   | 3 | 5 |
| 5 |   |   |   |   |   | 2 |   |   |
|   |   |   | 6 | 2 |   |   | 7 |   |
|   | 4 |   |   |   |   |   | 6 |   |
|   | 6 |   |   | 7 | 3 |   |   |   |
|   |   | 1 |   |   |   |   |   | 4 |
| 6 | 7 |   | 2 |   |   | 3 | 1 |   |
| 8 | 5 |   |   |   | 7 |   | 2 | 9 |

# PUZZLE 44

| | | | | | | | | |
|---|---|---|---|---|---|---|---|---|
| | 7 | | | | 2 | | | 9 |
| | 6 | 5 | 7 | 3 | | | | |
| 4 | | 2 | | | 9 | | 6 | |
| | 5 | | | 9 | 1 | 8 | | |
| | | | 3 | | 8 | | | |
| | | 1 | 6 | 5 | | | 9 | |
| | 1 | | 9 | | | 6 | | 4 |
| | | | | 8 | 6 | 9 | 3 | |
| 3 | | | 4 | | | | 1 | |

# PUZZLE 45

| | 7 | | 5 | | | | | |
|---|---|---|---|---|---|---|---|---|
| | 2 | 1 | | | 6 | | 3 | |
| | | 8 | | | 3 | 6 | 2 | 7 |
| 2 | | 3 | | 5 | | | 6 | |
| | 9 | | | | | | 5 | |
| | 6 | | | 3 | | 2 | | 4 |
| 7 | 3 | 2 | 8 | | | 5 | | |
| | 1 | | 6 | | | 3 | 4 | |
| | | | | 2 | | | 8 | |

# PUZZLE 46

| | | | | | | | | |
|---|---|---|---|---|---|---|---|---|
| 9 | | | | 3 | | | 1 | |
| | | | | | 6 | | | 2 |
| 1 | | | | | 2 | 8 | 5 | 7 |
| | 5 | | | | 7 | 9 | 2 | |
| 8 | | 4 | | | | 1 | | 5 |
| | 6 | 9 | 5 | | | | 7 | |
| 6 | 1 | 2 | 9 | | | | | 3 |
| 5 | | | 6 | | | | | |
| | 4 | | | 2 | | | | 9 |

# PUZZLE 47

| 1 |   |   | 9 |   |   | 4 | 6 |   |
|---|---|---|---|---|---|---|---|---|
|   | 5 |   |   | 4 |   |   | 1 |   |
|   |   |   |   | 1 |   | 9 | 5 | 7 |
|   |   | 7 |   | 9 | 5 |   | 4 |   |
|   |   |   | 4 |   | 8 |   |   |   |
|   | 4 |   | 7 | 6 |   | 8 |   |   |
| 3 | 9 | 4 |   | 7 |   |   |   |   |
|   | 8 |   |   | 2 |   |   | 9 |   |
|   | 7 | 6 |   |   | 9 |   |   | 4 |

# PUZZLE 48

| | | | | | | | | |
|---|---|---|---|---|---|---|---|---|
| | | 3 | 8 | | | 9 | 1 | |
| | 1 | 8 | 6 | | | 7 | | |
| | | | | 1 | | | | 4 |
| 8 | | | | 4 | | 5 | | 9 |
| | 2 | 9 | | | | 4 | 6 | |
| 4 | | 6 | | 2 | | | | 7 |
| 1 | | | | 6 | | | | |
| | | 2 | | | 7 | 6 | 9 | |
| | 8 | 4 | | | 1 | 2 | | |

# PUZZLE 49

| | 7 | | | | | | 8 | 2 |
|---|---|---|---|---|---|---|---|---|
| | 8 | 1 | 6 | 4 | | 7 | | 5 |
| | 6 | | 8 | | | 4 | | |
| 9 | | | 7 | 8 | | 2 | | |
| | | | | | | | | |
| | | 6 | | 9 | 5 | | | 7 |
| | | 7 | | | 8 | | 1 | |
| 1 | | 4 | | 6 | 7 | 3 | 2 | |
| 2 | 5 | | | | | | 7 | |

# PUZZLE 50

|   | 7 |   | 8 |   |   | 6 |   |   |
|---|---|---|---|---|---|---|---|---|
| 6 | 1 |   | 9 | 5 |   |   |   |   |
| 9 |   |   | 1 |   |   | 5 | 4 | 7 |
| 4 | 9 |   |   |   |   | 2 | 6 |   |
|   |   |   |   |   |   |   |   |   |
|   | 3 | 6 |   |   |   |   | 5 | 1 |
| 8 | 6 | 5 |   |   | 1 |   |   | 2 |
|   |   |   |   | 2 | 8 |   | 7 | 5 |
|   |   | 9 |   |   | 3 |   | 8 |   |

# PUZZLE 51

|   |   |   | 4 |   |   |   |   | 1 |
|---|---|---|---|---|---|---|---|---|
| 1 | 7 | 6 |   |   | 5 |   |   | 4 |
|   |   |   |   |   | 9 | 5 |   | 6 |
|   | 9 |   |   | 6 | 4 |   | 1 |   |
| 4 |   | 2 |   |   |   | 6 |   | 9 |
|   | 1 |   | 7 | 9 |   |   | 4 |   |
| 3 |   | 1 | 9 |   |   |   |   |   |
| 2 |   |   | 5 |   |   | 9 | 6 | 7 |
| 7 |   |   |   |   | 2 |   |   |   |

# PUZZLE 52

|   | 2 | 9 | 5 |   | 3 |   |   | 8 |
|---|---|---|---|---|---|---|---|---|
| 4 |   |   |   |   |   | 5 |   |   |
|   |   |   | 6 |   |   | 9 | 2 |   |
| 3 | 9 | 5 |   |   |   | 7 |   |   |
|   | 1 |   | 9 |   | 5 |   | 8 |   |
|   |   | 4 |   |   |   | 2 | 9 | 5 |
|   | 7 | 3 |   |   | 9 |   |   |   |
|   |   | 8 |   |   |   |   |   | 9 |
| 9 |   |   | 1 |   | 8 | 6 | 4 |   |

# PUZZLE 53

|   |   |   | 4 |   | 9 | 2 | 3 | 8 |
|---|---|---|---|---|---|---|---|---|
| 3 | 1 |   |   |   |   | 4 |   |   |
|   |   |   |   | 5 |   |   |   | 1 |
| 6 | 4 |   |   | 7 | 3 |   |   |   |
|   | 9 | 7 |   |   |   | 3 | 1 |   |
|   |   |   | 9 | 6 |   |   | 4 | 2 |
| 4 |   |   |   | 9 |   |   |   |   |
|   |   | 8 |   |   |   |   | 6 | 4 |
| 1 | 7 | 6 | 8 |   | 2 |   |   |   |

# PUZZLE 54

| | | | | | | | | |
|---|---|---|---|---|---|---|---|---|
| | | | | | 3 | 8 | | |
| 5 | | 9 | 2 | | 1 | 3 | | |
| 8 | | 3 | 9 | | | 2 | 5 | |
| | 7 | | | | | | | |
| | 3 | 8 | 1 | | 6 | 5 | 7 | |
| | | | | | | | 3 | |
| | 9 | 2 | | | 5 | 6 | | 4 |
| | | 7 | 6 | | 2 | 1 | | 5 |
| | | 5 | 4 | | | | | |

# PUZZLE 55

|   |   | 2 | 3 |   |   |   |   | 7 |
|---|---|---|---|---|---|---|---|---|
| 3 |   |   |   | 8 | 1 |   |   | 4 |
|   |   | 7 |   |   | 2 |   | 1 | 6 |
|   |   |   | 1 |   |   | 5 |   |   |
| 1 | 7 | 8 |   |   |   | 4 | 2 | 9 |
|   |   | 3 |   |   | 4 |   |   |   |
| 7 | 3 |   | 2 |   |   | 9 |   |   |
| 6 |   |   | 9 | 5 |   |   |   | 3 |
| 5 |   |   |   |   | 3 | 7 |   |   |

# PUZZLE 56

| | | | | | | | | |
|---|---|---|---|---|---|---|---|---|
| 5 | | | | | 1 | 8 | | |
| 7 | 1 | 9 | | 4 | | | | |
| 6 | | 8 | | 9 | 5 | | | |
| 4 | 9 | | 5 | | | 3 | | |
| | | 7 | | | | 1 | | |
| | | 6 | | | 3 | | 9 | 7 |
| | | | 6 | 3 | | 9 | | 5 |
| | | | | 5 | | 7 | 3 | 4 |
| | | 5 | 7 | | | | | 8 |

# PUZZLE 57

| 8 | 6 |   | 1 | 9 | 2 | 7 |   |   |
|---|---|---|---|---|---|---|---|---|
|   | 3 |   |   |   | 7 |   |   | 9 |
|   |   |   | 3 |   | 4 |   |   |   |
|   |   | 9 |   | 7 |   |   |   | 6 |
| 3 |   |   | 2 |   | 9 |   |   | 8 |
| 7 |   |   |   | 6 |   | 9 |   |   |
|   |   | 3 |   | 5 |   |   |   |   |
| 9 |   |   | 7 |   |   |   | 6 |   |
|   |   | 1 | 9 | 8 | 4 |   | 5 | 7 |

# PUZZLE 58

| | | | | | | | | |
|---|---|---|---|---|---|---|---|---|
| | 4 | | 8 | 6 | | | | 7 |
| | | 1 | 4 | | 3 | | 5 | |
| 2 | | | | | | | 4 | 6 |
| | | 6 | | 8 | 5 | | | |
| 8 | 1 | | | | | | 9 | 5 |
| | | | 1 | 7 | | 8 | | |
| 9 | 2 | | | | | | | 4 |
| | 5 | | 3 | | 2 | 6 | | |
| 1 | | | | 4 | 8 | | 3 | |

# PUZZLE 59

|   | 5 | 9 |   | 2 |   | 7 | 8 | 3 |
|---|---|---|---|---|---|---|---|---|
| 1 |   |   |   | 3 |   | 9 |   |   |
|   |   |   |   |   |   | 1 | 2 |   |
|   | 2 |   |   | 7 | 9 |   |   | 4 |
|   |   | 1 |   |   |   | 2 |   |   |
| 9 |   |   | 2 | 6 |   |   | 5 |   |
|   | 9 | 3 |   |   |   |   |   |   |
|   |   | 6 |   | 9 |   |   |   | 1 |
| 5 | 1 | 7 |   | 8 |   | 3 | 9 |   |

# PUZZLE 60

| | | | | | | | | |
|---|---|---|---|---|---|---|---|---|
| 1 | | | | 7 | | 3 | | |
| | 9 | | 4 | | | | 2 | |
| 5 | | 3 | | 6 | 8 | | 7 | 1 |
| | 7 | | | | 5 | | | |
| 9 | | 8 | | | | 4 | | 7 |
| | | | 8 | | | | 6 | |
| 7 | 2 | | 3 | 8 | | 6 | | 5 |
| | 8 | | | | 2 | | 4 | |
| | | 9 | | 5 | | | | 2 |

# PUZZLE 61

| 5 | 9 | 8 |   | 1 |   |   | 2 |   |
|---|---|---|---|---|---|---|---|---|
|   |   |   |   | 9 |   |   | 5 |   |
| 2 |   |   |   | 8 |   | 7 | 1 |   |
|   | 2 | 9 |   |   | 8 |   |   |   |
| 1 | 8 |   |   |   |   |   | 7 | 5 |
|   |   |   | 7 |   |   | 8 | 9 |   |
|   | 3 | 2 |   | 6 |   |   |   | 7 |
|   | 4 |   |   | 7 |   |   |   |   |
|   | 1 |   |   | 4 |   | 2 | 3 | 6 |

# PUZZLE 62

|   |   | 7 | 8 | 6 |   | 4 |   |   |
|---|---|---|---|---|---|---|---|---|
|   | 2 |   |   |   |   | 9 |   |   |
|   |   | 8 |   | 3 | 9 | 6 |   |   |
|   |   | 9 | 2 |   | 5 |   | 6 |   |
| 4 | 3 |   |   |   |   |   | 7 | 5 |
|   | 6 |   | 3 |   | 7 | 2 |   |   |
|   |   | 5 | 9 | 8 |   | 7 |   |   |
|   |   | 4 |   |   |   |   | 3 |   |
|   |   | 6 |   | 7 | 1 | 5 |   |   |

# PUZZLE 63

| | | | | | | | | |
|---|---|---|---|---|---|---|---|---|
| 3 | | | | | | | 5 | 2 |
| | | 7 | 5 | | 2 | | | 3 |
| | 2 | | | 6 | | 7 | | |
| 2 | | 9 | | 3 | 7 | | | 6 |
| | | | 1 | | 5 | | | |
| 5 | | | 2 | 4 | | 9 | | 7 |
| | | 1 | | 5 | | | 2 | |
| 8 | | | 4 | | 1 | 3 | | |
| 9 | 5 | | | | | | | 1 |

# PUZZLE 64

| 6 |   |   |   |   | 1 |   |   |   |
|---|---|---|---|---|---|---|---|---|
|   |   | 1 |   |   | 9 |   |   |   |
|   |   |   | 8 | 3 | 5 | 7 |   | 6 |
|   | 9 |   | 4 | 6 |   | 5 | 2 |   |
| 2 | 8 |   |   |   |   |   | 9 | 7 |
|   | 1 | 6 |   | 9 | 2 |   | 3 |   |
| 3 |   | 8 | 9 | 2 | 7 |   |   |   |
|   |   |   | 1 |   |   | 9 |   |   |
|   |   |   | 3 |   |   |   |   | 8 |

# PUZZLE 65

| | | | | | | | | |
|---|---|---|---|---|---|---|---|---|
| | | | | | 9 | 2 | | |
| 2 | | 3 | 1 | 6 | | | | 7 |
| 7 | | | | 3 | | 1 | | 4 |
| | | | | 9 | 1 | | | |
| | 8 | 2 | 6 | | 7 | 9 | 4 | |
| | | | 8 | 2 | | | | |
| 9 | | 5 | | 1 | | | | 8 |
| 4 | | | | 7 | 3 | 6 | | 1 |
| | | 1 | 5 | | | | | |

# PUZZLE 66

| 8 |   |   |   |   |   | 3 | 4 | 1 |
|---|---|---|---|---|---|---|---|---|
|   | 4 | 7 |   |   |   | 6 |   |   |
|   |   | 1 |   | 8 |   |   |   |   |
| 4 | 7 |   |   |   | 8 |   |   | 9 |
|   | 1 | 5 | 9 |   | 4 | 7 | 8 |   |
| 9 |   |   | 1 |   |   |   | 2 | 3 |
|   |   |   |   | 4 |   | 2 |   |   |
|   |   | 6 |   |   |   | 8 | 3 |   |
| 1 | 2 | 4 |   |   |   |   |   | 5 |

# PUZZLE 67

| 2 | 5 | 1 |   |   | 9 |   |   |   |
|---|---|---|---|---|---|---|---|---|
| 3 | 6 |   | 8 |   | 5 |   |   |   |
|   | 9 | 8 |   |   | 1 |   |   |   |
| 8 |   | 5 |   |   |   | 6 | 3 |   |
| 7 |   |   |   |   |   |   |   | 2 |
|   | 2 | 3 |   |   |   | 5 |   | 1 |
|   |   |   | 9 |   |   | 2 | 1 |   |
|   |   |   | 1 |   | 6 |   | 4 | 3 |
|   |   |   | 4 |   |   | 9 | 5 | 6 |

# PUZZLE 68

| | | | | | | | | |
|---|---|---|---|---|---|---|---|---|
| | 1 | 5 | 2 | 7 | | 8 | 4 | |
| | 7 | | | | 9 | | | 6 |
| | | | | | | 2 | 7 | |
| | | | 6 | | 5 | 4 | 2 | |
| | 4 | | | | | | 8 | |
| | 2 | 6 | 1 | | 3 | | | |
| | 5 | 4 | | | | | | |
| 7 | | | 5 | | | | 1 | |
| | 3 | 1 | | 9 | 4 | 5 | 6 | |

# PUZZLE 69

|   | 2 | 3 | 1 | 7 |   |   |   |   |
|---|---|---|---|---|---|---|---|---|
| 5 | 7 | 4 | 6 |   |   |   | 3 |   |
| 8 |   |   |   | 4 |   |   |   |   |
|   | 5 | 8 |   | 1 |   |   | 4 | 3 |
|   |   |   |   |   |   |   |   |   |
| 3 | 9 |   |   | 6 |   | 7 | 1 |   |
|   |   |   |   | 9 |   |   |   | 1 |
|   | 8 |   |   |   | 2 | 4 | 5 | 9 |
|   |   |   |   | 5 | 1 | 3 | 2 |   |

# PUZZLE 70

| 1 |   | 6 | 4 |   | 2 |   |   | 3 |
|---|---|---|---|---|---|---|---|---|
| 9 |   |   | 7 | 6 |   |   |   |   |
|   |   | 5 | 9 |   |   | 1 | 4 |   |
|   |   | 2 |   |   |   |   |   |   |
| 4 | 1 |   | 8 |   | 6 |   | 5 | 7 |
|   |   |   |   |   | 6 |   |   |   |
|   | 5 | 1 |   |   | 9 | 8 |   |   |
|   |   |   | 7 | 4 |   |   |   | 5 |
| 3 |   |   | 6 |   | 5 | 9 |   | 1 |

# PUZZLE 71

| | | | | | | | | |
|---|---|---|---|---|---|---|---|---|
| 7 | | | 9 | | 2 | | 3 | |
| 5 | 3 | | | | | 4 | | |
| | 4 | | 3 | 5 | | | 7 | 8 |
| | | | 8 | 3 | | | | |
| | | 4 | 2 | | 7 | 5 | | |
| | | | | 6 | 4 | | | |
| 4 | 9 | | | 7 | 3 | | 8 | |
| | | 7 | | | | | 6 | 4 |
| | 6 | | 4 | | 1 | | | 9 |

# PUZZLE 72

| 4 |   | 8 |   | 1 | 7 |   |   | 2 |
|---|---|---|---|---|---|---|---|---|
| 2 |   |   |   |   |   |   |   | 4 |
|   | 6 |   | 2 |   |   | 9 |   |   |
| 5 |   | 6 |   |   |   | 8 | 4 |   |
|   | 2 | 3 |   |   |   | 7 | 5 |   |
|   | 1 | 4 |   |   |   | 3 |   | 9 |
|   |   | 7 |   |   | 1 |   | 9 |   |
| 6 |   |   |   |   |   |   |   | 7 |
| 9 |   |   | 7 | 3 |   | 6 |   | 5 |

# PUZZLE 73

| 1 | 9 | 5 |   | 3 |   | 4 | 8 |   |
|---|---|---|---|---|---|---|---|---|
|   |   | 8 |   | 9 |   |   | 5 |   |
|   |   |   |   |   |   | 1 | 2 |   |
|   |   |   |   |   | 9 |   | 7 |   |
|   | 1 | 3 | 4 |   | 5 | 2 | 6 |   |
|   | 8 |   | 3 |   |   |   |   |   |
|   | 5 | 1 |   |   |   |   |   |   |
|   | 7 |   |   | 5 |   | 6 |   |   |
|   | 2 | 4 |   | 1 |   | 7 | 3 | 5 |

# PUZZLE 74

|   |   |   |   |   |   | 5 |   |   |
|---|---|---|---|---|---|---|---|---|
| 5 | 2 | 6 |   |   | 3 |   |   |   |
| 4 | 7 | 3 | 9 |   |   |   | 2 |   |
|   | 9 | 7 |   |   | 4 |   |   |   |
|   | 1 | 2 | 5 |   | 9 | 3 | 4 |   |
|   |   |   | 3 |   |   | 9 | 6 |   |
|   | 4 |   |   |   | 1 | 2 | 9 | 5 |
|   |   |   | 7 |   |   | 4 | 1 | 3 |
|   |   | 1 |   |   |   |   |   |   |

# PUZZLE 75

| 4 | 6 |   |   |   | 2 | 1 |   | 3 |
|---|---|---|---|---|---|---|---|---|
| 3 |   | 5 |   |   |   |   |   |   |
| 2 |   |   |   | 5 |   |   | 6 | 4 |
| 1 |   |   | 4 | 6 | 5 | 2 |   |   |
|   |   |   |   |   |   |   |   |   |
|   | 2 | 9 | 5 | 7 |   |   |   | 6 |
| 6 | 8 |   | 9 |   |   |   |   | 5 |
|   |   |   |   |   |   | 9 |   | 1 |
| 9 |   | 3 | 2 |   |   |   | 4 | 8 |

# PUZZLE 76

| | | | | | | | | |
|---|---|---|---|---|---|---|---|---|
| 9 | 6 | | | 1 | | | | 3 |
| | 3 | | | | 6 | | | 7 |
| 4 | | | | | 7 | | 8 | |
| | | | 6 | | 8 | | 2 | 9 |
| | | 3 | 9 | | 2 | 4 | | |
| 6 | 2 | | 4 | | 1 | | | |
| | 8 | | 1 | | | | | 2 |
| 5 | | | 7 | | | | 9 | |
| 7 | | | | 8 | | | 1 | 4 |

# PUZZLE 77

| | | | | | | | | |
|---|---|---|---|---|---|---|---|---|
| | | | 4 | 7 | | 8 | 9 | |
| | | | 6 | 1 | | 7 | | 3 |
| | | 2 | | | 5 | | 1 | 4 |
| | | | | 3 | | | | 1 |
| | | 1 | 8 | | 7 | 5 | | |
| 9 | | | | 4 | | | | |
| 2 | 9 | | 7 | | | 1 | | |
| 7 | | 3 | | 8 | 9 | | | |
| | 6 | 8 | | 5 | 4 | | | |

# PUZZLE 78

| | | | | | | | | |
|---|---|---|---|---|---|---|---|---|
| 3 | | | | | 4 | 1 | | |
| 4 | | 9 | 5 | 1 | | 8 | 2 | |
| | 8 | | | | 2 | 5 | | 9 |
| | | 8 | | | | | 9 | 6 |
| | | | | | | | | |
| 9 | 5 | | | | | 4 | | |
| 2 | | 7 | 1 | | | | 8 | |
| | 1 | 3 | | 2 | 8 | 9 | | 4 |
| | | 4 | 7 | | | | | 1 |

# PUZZLE 79

| | | | | | | | | |
|---|---|---|---|---|---|---|---|---|
| | | 8 | 9 | 3 | 2 | | | |
| | 9 | | | | | | 2 | |
| | | 2 | | 1 | 7 | | 4 | |
| | | 6 | | | 1 | | | 4 |
| 2 | 1 | | 8 | | 5 | | 9 | 3 |
| 9 | | | 7 | | | 2 | | |
| | 2 | | 1 | 7 | | 5 | | |
| | 8 | | | | | | 1 | |
| | | | 3 | 5 | 8 | 9 | | |

# PUZZLE 80

| 4 |   |   |   |   | 7 | 6 |   | 2 |
|   |   |   |   |   |   |   | 8 |   |
| 7 |   |   |   | 8 | 6 | 5 | 4 |   |
|   |   |   |   | 6 | 1 | 7 |   |   |
| 5 | 7 |   | 2 |   | 4 |   | 3 | 1 |
|   |   | 4 | 8 | 7 |   |   |   |   |
|   | 2 | 7 | 3 | 4 |   |   |   | 6 |
|   | 6 |   |   |   |   |   |   |   |
| 9 |   | 3 | 6 |   |   |   |   | 8 |

# PUZZLE 81

| 1 |   | 6 | 4 | 9 | 5 |   |   |   |
|   |   | 2 |   |   |   |   |   | 5 |
| 5 | 8 |   | 2 |   |   | 4 |   |   |
|   |   | 8 |   | 7 |   | 5 |   | 1 |
|   |   |   | 1 |   | 9 |   |   |   |
| 9 |   | 1 |   | 5 |   | 2 |   |   |
|   |   | 4 |   |   | 8 |   | 5 | 2 |
| 3 |   |   |   |   |   | 6 |   |   |
|   |   |   | 9 | 1 | 6 | 3 |   | 4 |

# PUZZLE 82

| 9 |   |   | 8 |   | 2 | 3 | 6 |   |
|---|---|---|---|---|---|---|---|---|
|   |   |   |   |   |   |   |   |   |
|   |   |   | 1 | 5 | 8 |   |   | 2 |
|   | 3 |   |   | 5 | 9 |   | 7 |   |
|   | 5 | 6 | 7 |   | 8 | 9 | 2 |   |
|   | 7 |   | 2 | 3 |   |   | 4 |   |
| 7 |   | 3 | 5 | 2 |   |   |   |   |
|   |   |   |   |   |   |   |   |   |
|   | 2 | 8 | 1 |   | 3 |   |   | 9 |

# PUZZLE 83

|   |   |   | 8 | 1 | 6 | 4 |   | 5 |
|---|---|---|---|---|---|---|---|---|
| 4 |   | 8 |   | 3 |   |   |   |   |
| 3 |   |   |   | 2 |   | 9 |   |   |
|   |   | 3 |   | 1 |   |   | 2 | 4 |
|   |   |   | 6 |   | 5 |   |   |   |
| 7 | 4 |   | 2 |   |   | 6 |   |   |
|   | 2 |   | 5 |   |   |   |   | 3 |
|   |   |   |   | 6 |   | 9 |   | 2 |
| 5 |   | 9 | 3 | 2 | 4 |   |   |   |

# PUZZLE 84

| | | 6 | 2 | | 3 | | 1 | |
|---|---|---|---|---|---|---|---|---|
| 1 | 3 | | 7 | 9 | | | | 2 |
| | | 9 | 8 | | | | | 5 |
| | | | | | | 5 | 2 | 3 |
| 8 | | | | | | | | 6 |
| 3 | 2 | 7 | | | | | | |
| 4 | | | | | 9 | 1 | | |
| 7 | | | | 2 | 4 | | 3 | 9 |
| | 1 | | 5 | | 8 | 2 | | |

# PUZZLE 85

| 4 | 9 |   | 6 |   |   |   |   | 7 |
|---|---|---|---|---|---|---|---|---|
| 6 | 2 |   | 7 |   |   | 8 | 9 |   |
|   |   |   | 1 |   |   | 6 |   |   |
|   | 6 |   | 4 |   |   |   | 8 | 2 |
| 7 |   |   |   |   |   |   |   | 6 |
| 2 | 5 |   |   |   | 6 |   | 7 |   |
|   |   | 2 |   |   | 3 |   |   |   |
|   | 3 | 7 |   |   | 9 |   | 1 | 4 |
| 9 |   |   |   |   | 1 |   | 3 | 8 |

# PUZZLE 86

| | | | 8 | | | | | |
|---|---|---|---|---|---|---|---|---|
| 2 | 5 | 7 | | | | 8 | | |
| 4 | 8 | | | | 2 | 5 | 6 | |
| | 1 | | 2 | 6 | 5 | | | |
| 5 | | | 3 | | 7 | | | 2 |
| | | | 4 | 1 | 8 | | 3 | |
| | 4 | 5 | 9 | | | | 7 | 6 |
| | | 9 | | | | 2 | 5 | 4 |
| | | | | | 4 | | | |

# PUZZLE 87

| | | | | | | | | |
|---|---|---|---|---|---|---|---|---|
| 4 | | 1 | 9 | | | | | |
| 7 | | | 6 | | | | 4 | |
| | | | | 7 | 4 | 1 | | |
| | 8 | | | 4 | | 3 | 9 | |
| 9 | 3 | 4 | | | | 5 | 2 | 6 |
| | 7 | 6 | | 9 | | | 8 | |
| | | 5 | 1 | 6 | | | | |
| | 1 | | | | 8 | | | 9 |
| | | | | | 7 | 6 | | 8 |

# PUZZLE 88

| | | | | | | | | |
|---|---|---|---|---|---|---|---|---|
| | | 2 | 9 | | | | | 3 |
| 9 | 3 | | | 5 | 2 | | 4 | |
| | | | | | 3 | 1 | | 2 |
| | | 9 | 6 | 2 | | | | |
| | 5 | | 1 | | 9 | | 2 | |
| | | | | 4 | 5 | 8 | | |
| 2 | | 6 | 5 | | | | | |
| | 9 | | 2 | 7 | | | 6 | 1 |
| 3 | | | | | 6 | 2 | | |

# PUZZLE 89

| | | | | | | | | |
|---|---|---|---|---|---|---|---|---|
| 9 | | | | | 8 | | 5 | |
| | | 7 | 4 | | | 8 | | 9 |
| | 4 | | 2 | | 9 | | | |
| 6 | 5 | | 1 | 8 | 7 | 9 | | |
| | | | | | | | | |
| | | 4 | 5 | 2 | 6 | | 1 | 7 |
| | | | 8 | | 5 | | 7 | |
| 7 | | 5 | | | 4 | 1 | | |
| | 8 | | 6 | | | | | 5 |

# PUZZLE 90

| | 2 | | 8 | 6 | | | | 1 |
|---|---|---|---|---|---|---|---|---|
| 4 | 5 | | | | | | | |
| | | 6 | | | | | 7 | 5 |
| | | | | 5 | 9 | | 3 | 2 |
| 5 | | 4 | 3 | | 2 | 1 | | 8 |
| 7 | 3 | | 6 | 8 | | | | |
| 9 | 7 | | | | | 8 | | |
| | | | | | | | 1 | 7 |
| 8 | | | | 9 | 7 | | 2 | |

# PUZZLE 91

| | | | | | | | | |
|---|---|---|---|---|---|---|---|---|
| 3 | | 1 | 2 | | 9 | | | |
| | 2 | | | 1 | 6 | | | 4 |
| 7 | 9 | 6 | | | | | | |
| | | | | | | | 4 | 5 |
| | 8 | 9 | 4 | | 5 | 1 | 3 | |
| 5 | 3 | | | | | | | |
| | | | | | | 3 | 8 | 1 |
| 9 | | | 1 | 5 | | | 2 | |
| | | | 8 | | 2 | 5 | | 9 |

# PUZZLE 92

| 9 |   |   |   | 3 |   | 2 |   |   |
|---|---|---|---|---|---|---|---|---|
|   | 7 |   | 9 |   | 4 |   |   | 3 |
|   |   | 8 |   | 1 | 6 |   |   | 9 |
|   | 5 |   |   |   |   | 3 |   | 6 |
|   | 2 |   | 1 |   | 3 |   | 9 |   |
| 6 |   | 3 |   |   |   |   | 7 |   |
| 7 |   |   | 6 | 9 |   | 5 |   |   |
| 4 |   |   | 3 |   | 5 |   | 8 |   |
|   |   | 5 |   | 7 |   |   |   | 2 |

# PUZZLE 93

| | | | | | | | | |
|---|---|---|---|---|---|---|---|---|
| | 5 | | | 1 | 8 | | 6 | |
| 4 | | | 6 | 3 | | | | 1 |
| | | 6 | 2 | | | | | |
| | 1 | | 7 | 6 | | | | |
| 7 | 6 | | 5 | | 1 | | 4 | 8 |
| | | | | 8 | 4 | | 1 | |
| | | | | | 2 | 6 | | |
| 5 | | | | 9 | 6 | | | 7 |
| | 2 | | 1 | 5 | | | 3 | |

# PUZZLE 94

| | | | | | | | | |
|---|---|---|---|---|---|---|---|---|
| | 6 | 4 | | 3 | | | | |
| 8 | | | | | 1 | 4 | 9 | |
| | | | | | 4 | | | 3 |
| 7 | | 1 | 6 | 4 | | 3 | | 5 |
| 9 | | | | | | | | 7 |
| 5 | | 3 | | 1 | 7 | 6 | | 9 |
| 3 | | | 4 | | | | | |
| | 9 | 8 | 7 | | | | | 4 |
| | | | | 9 | | 7 | 3 | |

# PUZZLE 95

| 9 |   |   |   | 2 | 6 | 5 |   |   |
|---|---|---|---|---|---|---|---|---|
| 5 |   |   |   | 1 |   | 7 | 2 | 6 |
|   |   |   |   |   | 5 |   | 3 |   |
| 4 |   |   |   |   | 8 | 6 |   |   |
|   | 7 | 1 |   |   |   | 8 | 5 |   |
|   |   | 6 | 5 |   |   |   |   | 4 |
|   | 8 |   | 1 |   |   |   |   |   |
| 1 | 3 | 4 |   | 5 |   |   |   | 7 |
|   |   | 7 | 3 | 8 |   |   |   | 5 |

# PUZZLE 96

|   |   |   | 5 |   |   | 8 |   |   |
|---|---|---|---|---|---|---|---|---|
| 5 | 8 |   | 4 |   |   |   | 2 | 6 |
|   | 2 | 7 | 8 |   |   | 4 |   | 3 |
|   |   |   | 7 |   | 5 |   |   |   |
|   | 3 | 5 |   |   |   | 7 | 8 |   |
|   |   |   | 6 |   | 2 |   |   |   |
| 1 |   | 8 |   |   | 9 | 2 | 4 |   |
| 7 | 9 |   |   |   | 8 |   | 6 | 1 |
|   |   | 2 |   |   | 4 |   |   |   |

# PUZZLE 97

| | 1 | | 4 | | | 9 | | |
|---|---|---|---|---|---|---|---|---|
| | | 5 | | | 6 | | | 8 |
| 2 | | 3 | 8 | | 9 | 5 | | 4 |
| 6 | | | | | | | | |
| | 8 | 4 | 2 | | 7 | 3 | 9 | |
| | | | | | | | | 7 |
| 4 | | 2 | 7 | | 3 | 1 | | 6 |
| 3 | | | 9 | | | 4 | | |
| | | 1 | | | 4 | | 3 | |

# PUZZLE 98

| 6 |   |   | 2 | 5 | 9 | 3 | 7 |   |
|---|---|---|---|---|---|---|---|---|
|   |   |   |   | 4 |   |   | 6 |   |
| 3 |   |   |   |   |   |   | 5 |   |
|   |   | 3 |   |   | 8 |   |   | 5 |
| 8 |   | 7 | 5 |   | 6 | 9 |   | 2 |
| 9 |   |   | 1 |   |   | 7 |   |   |
|   | 3 |   |   |   |   |   |   | 8 |
|   | 8 |   |   | 6 |   |   |   |   |
|   | 7 | 1 | 8 | 9 | 2 |   |   | 6 |

# PUZZLE 99

| 4 |   |   |   |   |   |   |   |   |
|---|---|---|---|---|---|---|---|---|
|   | 3 | 2 |   | 4 |   |   | 5 |   |
|   | 9 | 5 |   | 6 | 1 | 4 | 3 | 2 |
|   |   | 3 |   |   | 9 |   |   |   |
|   | 5 |   | 4 |   | 8 |   | 9 |   |
|   |   |   | 5 |   |   | 8 |   |   |
| 5 | 2 | 4 | 1 | 9 |   | 6 | 8 |   |
|   | 6 |   |   | 8 |   | 3 | 2 |   |
|   |   |   |   |   |   |   |   | 9 |

# PUZZLE 100

|   |   | 8 |   | 6 |   |   |   | 9 |
|---|---|---|---|---|---|---|---|---|
| 6 |   |   | 2 |   |   |   |   |   |
| 2 | 3 |   |   |   | 4 |   | 6 | 8 |
|   | 6 | 1 |   | 5 | 9 |   | 7 |   |
|   | 4 |   |   |   |   |   | 9 |   |
|   | 9 |   | 1 | 8 |   | 6 | 5 |   |
| 1 | 5 |   | 8 |   |   |   | 2 | 6 |
|   |   |   |   |   | 5 |   |   | 3 |
| 9 |   |   |   | 2 |   | 4 |   |   |

# MEDIUM
# SU DOKU

# PUZZLE 101

|   |   | 9 |   |   |   |   |   | 8 |
|---|---|---|---|---|---|---|---|---|
|   |   | 6 | 2 |   | 7 |   | 4 | 9 |
|   |   |   | 1 |   |   |   | 5 |   |
|   | 4 |   |   |   |   |   |   | 2 |
|   |   | 5 | 7 |   | 2 | 9 |   |   |
| 8 |   |   |   |   |   |   | 7 |   |
|   | 3 |   |   |   | 9 |   |   |   |
| 2 | 6 |   | 8 |   | 4 | 7 |   |   |
| 5 |   |   |   |   |   | 8 |   |   |

# PUZZLE 102

| | 2 | | | | | 6 | | |
|---|---|---|---|---|---|---|---|---|
| 3 | | | 7 | | | | | 9 |
| | 7 | | 6 | | 5 | | 3 | |
| | | 7 | | | 6 | | | 8 |
| | 8 | 1 | | | | 7 | 6 | |
| 5 | | | 4 | | | 2 | | |
| | 4 | | 8 | | 9 | | 7 | |
| 7 | | | | | 2 | | | 1 |
| | | 3 | | | | | 2 | |

# PUZZLE 103

| 2 |   | 9 |   |   | 3 |   |   |   |
|---|---|---|---|---|---|---|---|---|
|   |   | 1 |   | 2 |   | 6 |   |   |
|   | 3 |   |   |   | 8 |   | 2 |   |
|   |   | 3 |   | 1 |   |   | 6 | 9 |
|   |   |   |   |   |   |   |   |   |
| 4 | 8 |   |   | 6 |   | 7 |   |   |
|   | 5 |   | 2 |   |   |   | 8 |   |
|   |   | 8 |   | 7 |   | 2 |   |   |
|   |   |   | 4 |   |   | 9 |   | 6 |

# PUZZLE 104

|   |   | 9 | 2 |   |   |   | 4 |   |
|---|---|---|---|---|---|---|---|---|
| 6 |   |   | 5 |   | 1 |   |   | 9 |
|   | 8 |   |   |   |   | 6 | 5 |   |
|   |   | 3 |   | 9 |   |   |   |   |
| 8 |   |   |   | 7 |   |   |   | 3 |
|   |   |   |   | 1 |   | 5 |   |   |
|   | 6 | 2 |   |   |   |   | 3 |   |
| 3 |   |   | 7 |   | 4 |   |   | 1 |
|   | 7 |   |   |   | 3 | 8 |   |   |

# PUZZLE 105

|   |   | 3 |   | 9 |   |   |   | 8 |
|---|---|---|---|---|---|---|---|---|
|   | 4 | 1 | 6 |   |   |   |   |   |
| 6 | 9 |   |   | 5 | 8 |   |   |   |
|   |   | 6 |   | 7 |   |   | 4 |   |
|   |   |   | 8 |   | 1 |   |   |   |
|   | 1 |   |   | 4 |   | 9 |   |   |
|   |   | 2 | 8 |   |   |   | 3 | 7 |
|   |   |   |   |   | 7 | 2 | 6 |   |
| 7 |   |   |   | 6 |   | 8 |   |   |

# PUZZLE 106

| | | 3 | | 6 | | | | |
|---|---|---|---|---|---|---|---|---|
| | 7 | | | | 9 | 2 | | 4 |
| 5 | | 9 | | | 7 | | | |
| | 1 | | | | | | | 2 |
| | | | 2 | | 3 | | | |
| 7 | | | | | | | 4 | |
| | | | 8 | | | 7 | | 1 |
| 9 | | 8 | 6 | | | | 2 | |
| | | | | 4 | | 5 | | |

# PUZZLE 107

| 6 | 4 |   | 2 |   |   | 7 | 5 |   |
|---|---|---|---|---|---|---|---|---|
|   |   | 2 |   |   | 4 |   |   |   |
|   |   |   |   |   | 8 |   |   |   |
| 2 |   | 7 |   |   | 6 |   |   |   |
|   | 1 |   |   | 4 |   |   | 7 |   |
|   |   |   | 9 |   |   | 8 |   | 2 |
|   |   |   | 5 |   |   |   |   |   |
|   |   |   | 4 |   | 6 |   |   |   |
|   | 6 | 9 |   |   | 1 |   | 8 | 4 |

# PUZZLE 108

|   | 7 | 4 |   |   | 9 |   | 2 | 5 |
|---|---|---|---|---|---|---|---|---|
| 9 |   | 6 | 7 |   | 5 |   |   |   |
|   | 1 |   |   |   |   |   |   |   |
| 2 |   |   |   | 7 |   |   |   |   |
|   |   | 8 |   |   |   | 5 |   |   |
|   |   |   |   | 9 |   |   |   | 8 |
|   |   |   |   |   |   |   | 8 |   |
|   |   |   | 1 |   | 4 | 3 |   | 9 |
| 4 | 9 |   | 2 |   |   | 6 | 5 |   |

# PUZZLE 109

| 3 | 8 |   | 5 |   |   |   | 4 |   |
|---|---|---|---|---|---|---|---|---|
| 1 |   |   | 9 |   |   |   | 3 | 8 |
|   |   | 7 |   |   | 4 | 6 |   |   |
|   |   |   |   | 4 |   |   |   | 7 |
| 4 |   |   |   |   |   |   |   | 1 |
| 8 |   |   |   | 9 |   |   |   |   |
|   |   | 8 | 7 |   |   | 1 |   |   |
| 5 | 4 |   |   |   | 1 |   |   | 3 |
|   | 3 |   |   |   | 2 |   | 9 | 6 |

# PUZZLE 110

|   |   | 3 |   |   | 4 |   |   | 8 |
|---|---|---|---|---|---|---|---|---|
|   |   |   | 8 | 3 |   |   |   |   |
|   |   |   |   |   | 2 |   | 7 | 9 |
| 1 | 9 |   |   | 4 |   |   |   |   |
|   | 5 |   | 6 |   | 7 |   | 1 |   |
|   |   |   | 5 |   |   |   | 6 | 2 |
| 6 | 7 |   | 3 |   |   |   |   |   |
|   |   |   |   | 8 | 6 |   |   |   |
| 3 |   |   | 7 |   |   | 5 |   |   |

# PUZZLE 111

| 4 |   |   |   |   | 7 |   |   |   |
|---|---|---|---|---|---|---|---|---|
|   | 1 | 9 |   | 8 |   | 7 |   |   |
| 6 |   | 2 |   |   |   |   | 1 |   |
|   |   |   |   | 3 |   | 6 | 5 |   |
|   |   | 8 | 6 |   | 5 | 4 |   |   |
|   | 5 | 6 |   | 4 |   |   |   |   |
|   | 2 |   |   |   |   | 1 |   | 8 |
|   |   | 4 |   | 2 |   | 3 | 6 |   |
|   |   |   | 9 |   |   |   |   | 4 |

# PUZZLE 112

| 1 | 2 |   |   |   |   | 8 |   | 5 |
|---|---|---|---|---|---|---|---|---|
|   | 4 |   | 5 |   |   |   |   |   |
|   | 3 |   |   | 1 | 4 | 9 |   |   |
| 6 |   |   |   |   | 7 |   |   | 1 |
|   | 8 |   |   |   |   |   | 9 |   |
| 5 |   |   | 3 |   |   |   |   | 8 |
|   |   | 1 | 4 | 8 |   |   | 3 |   |
|   |   |   |   |   | 3 |   | 1 |   |
| 3 |   | 4 |   |   |   |   | 8 | 6 |

# PUZZLE 113

| | | | | | 9 | | 8 | 4 |
|---|---|---|---|---|---|---|---|---|
| 8 | 4 | | 5 | | | 6 | | |
| | | | | | | 3 | | |
| 6 | 1 | | | | 3 | 2 | | |
| 5 | | | | | | | | 3 |
| | | 9 | 2 | | | | 6 | 7 |
| | | 7 | | | | | | |
| | | 1 | | | 7 | | 4 | 8 |
| 3 | 5 | | 6 | | | | | |

# PUZZLE 114

| | | | | | | | | |
|---|---|---|---|---|---|---|---|---|
| | 4 | | 8 | | 1 | | | |
| 2 | | 7 | | | | | | 8 |
| | | | 5 | | | | 4 | 9 |
| | | 2 | 1 | 8 | | | | |
| 8 | | | | 9 | | | | 4 |
| | | | | 5 | 3 | 2 | | |
| 9 | 8 | | | | 5 | | | |
| 5 | | | | | | 1 | | 7 |
| | | | 3 | | 6 | | 9 | |

# PUZZLE 115

| 7 |   | 4 |   |   |   |   | 9 | 5 |
|---|---|---|---|---|---|---|---|---|
|   |   |   |   |   |   | 1 |   |   |
|   | 6 |   |   |   | 2 |   |   | 8 |
|   |   |   |   | 5 |   | 2 | 8 |   |
|   |   | 3 | 7 |   | 1 | 4 |   |   |
|   | 9 | 2 |   | 6 |   |   |   |   |
| 5 |   |   | 1 |   |   |   | 3 |   |
|   |   | 9 |   |   |   |   |   |   |
| 2 | 1 |   |   |   |   | 5 |   | 7 |

# PUZZLE 116

|   |   |   |   | 7 |   |   |   |   |
|---|---|---|---|---|---|---|---|---|
|   |   | 8 |   |   | 1 |   | 6 | 4 |
|   | 2 | 5 |   |   |   |   |   |   |
|   | 7 | 3 | 1 |   | 9 |   |   | 8 |
| 4 |   |   |   |   |   |   |   | 9 |
| 9 |   |   | 8 |   | 7 | 3 | 5 |   |
|   |   |   |   |   |   | 2 | 4 |   |
| 6 | 5 |   | 7 |   |   | 8 |   |   |
|   |   |   |   | 9 |   |   |   |   |

# PUZZLE 117

| 8 | 4 | 9 | 5 |   |   |   |   |   |
|---|---|---|---|---|---|---|---|---|
|   |   |   | 7 |   |   | 5 | 4 |   |
|   |   |   | 2 |   |   |   |   | 9 |
|   |   | 3 |   |   |   |   | 9 |   |
| 6 |   | 2 |   | 5 |   | 1 |   | 3 |
|   | 1 |   |   |   |   | 7 |   |   |
| 2 |   |   |   |   | 3 |   |   |   |
|   | 8 | 1 |   |   | 2 |   |   |   |
|   |   |   |   |   | 5 | 2 | 6 | 7 |

# PUZZLE 118

|   |   |   |   |   | 9 |   | 8 |   |
|---|---|---|---|---|---|---|---|---|
|   | 1 |   |   | 4 |   |   |   |   |
| 2 | 5 |   | 7 | 8 |   |   | 6 | 9 |
|   |   |   |   |   | 2 |   |   | 6 |
| 8 |   | 6 |   |   |   | 3 |   | 2 |
| 5 |   |   | 4 |   |   |   |   |   |
| 6 | 8 |   |   | 9 | 4 |   | 2 | 7 |
|   |   |   |   | 6 |   |   | 3 |   |
|   | 4 |   | 5 |   |   |   |   |   |

# PUZZLE 119

| 7 |   |   | 9 |   |   | 1 |   |   |
|---|---|---|---|---|---|---|---|---|
|   | 4 | 9 |   |   |   | 6 | 5 |   |
|   | 2 |   |   |   |   | 9 |   |   |
|   |   | 5 | 1 | 7 |   |   | 9 |   |
|   |   | 7 |   |   |   | 8 |   |   |
|   | 3 |   |   | 4 | 9 | 7 |   |   |
|   |   | 3 |   |   |   |   | 7 |   |
|   | 9 | 8 |   |   |   | 5 | 3 |   |
|   |   | 4 |   |   | 6 |   |   | 9 |

# PUZZLE 120

| | | | | | | | | |
|---|---|---|---|---|---|---|---|---|
| 4 | | | | 9 | | | | |
| | | 5 | 8 | | | 7 | | |
| 9 | 7 | | | 4 | 5 | | 1 | |
| 7 | | | 4 | 6 | | | 5 | |
| | | | | | | | | |
| | 3 | | | 5 | 7 | | | 2 |
| | 4 | | 6 | 1 | | | 7 | 9 |
| | | 1 | | | 3 | 4 | | |
| | | | | 2 | | | | 6 |

# PUZZLE 121

| | 8 | | | | 6 | | 5 | 3 |
|---|---|---|---|---|---|---|---|---|
| | 2 | | 8 | | | | | |
| | 6 | 3 | | | | 1 | | |
| | | | 2 | | | 8 | | |
| | 1 | | 4 | | 5 | | 2 | |
| | | 9 | | | 3 | | | |
| | | 2 | | | | 5 | 1 | |
| | | | | | 7 | | 9 | |
| 7 | 4 | | 9 | | | | 6 | |

# PUZZLE 122

| | | | | | | | | |
|---|---|---|---|---|---|---|---|---|
| 2 | | 6 | | | | | | |
| 9 | | | | 8 | | | | 4 |
| | | 5 | 7 | | 2 | | 3 | 9 |
| | | 4 | 2 | 1 | | | | 3 |
| | | | | | | | | |
| 1 | | | | 7 | 5 | 4 | | |
| 7 | 5 | | 3 | | 8 | 6 | | |
| 8 | | | | 5 | | | | 1 |
| | | | | | | 5 | | 7 |

# PUZZLE 123

| | 3 | | 2 | | | | | |
|---|---|---|---|---|---|---|---|---|
| | | 9 | | 6 | | | | |
| | 5 | 4 | | 3 | | | 1 | |
| | | 6 | 8 | 2 | | | | 1 |
| | 1 | | 7 | | 6 | | 8 | |
| 3 | | | | 9 | 4 | 6 | | |
| | 6 | | | 1 | | 3 | 2 | |
| | | | | 7 | | 5 | | |
| | | | | | 2 | | 7 | |

# PUZZLE 124

|   |   |   |   |   |   |   |   | 3 |
|---|---|---|---|---|---|---|---|---|
|   | 4 |   |   |   | 7 | 2 |   |   |
| 2 | 8 | 3 | 5 |   |   |   |   | 6 |
|   | 9 |   |   | 5 |   | 8 |   |   |
|   |   |   | 9 |   | 8 |   |   |   |
|   |   | 5 |   | 6 |   |   | 4 |   |
| 9 |   |   |   |   | 6 | 3 | 5 | 2 |
|   |   | 7 | 3 |   |   |   | 9 |   |
| 4 |   |   |   |   |   |   |   |   |

# PUZZLE 125

| | | | | | | | | |
|---|---|---|---|---|---|---|---|---|
| | | | | 9 | 6 | | 1 | |
| | 8 | | | | | 4 | | |
| 3 | 6 | | | 4 | | 2 | | |
| 5 | 2 | | | 3 | | | | |
| | | | 5 | | 2 | | | |
| | | | | 7 | | | 2 | 3 |
| | | 3 | | 5 | | | 8 | 7 |
| | | 6 | | | | | 4 | |
| | 1 | | 8 | 6 | | | | |

# PUZZLE 126

| | | | | | | 1 | | |
|---|---|---|---|---|---|---|---|---|
| | 3 | | 5 | | 7 | | 9 | |
| | | | 2 | 1 | 8 | 4 | | |
| 8 | 2 | | | 7 | | 3 | | |
| | | 3 | | | | 9 | | |
| | | 9 | | 5 | | | 2 | 6 |
| | | 5 | 7 | 9 | 2 | | | |
| | 6 | | 4 | | 5 | | 3 | |
| | | 7 | | | | | | |

# PUZZLE 127

| 1 |   | 7 |   |   | 2 |   | 8 |   |
|---|---|---|---|---|---|---|---|---|
|   | 9 |   | 4 | 8 |   |   |   |   |
|   |   |   |   |   | 7 |   |   |   |
|   |   | 3 |   | 6 | 8 |   | 2 |   |
|   |   |   |   |   |   |   |   |   |
|   | 1 |   | 2 | 3 |   | 6 |   |   |
|   |   | 8 |   |   |   |   |   |   |
|   |   |   |   | 1 | 3 |   | 5 |   |
|   | 4 |   | 8 |   |   | 2 |   | 6 |

# PUZZLE 128

|   | 7 |   |   | 1 | 3 |   |   | 5 |
|---|---|---|---|---|---|---|---|---|
|   | 8 |   | 4 |   |   | 1 | 6 |   |
|   |   |   |   |   |   |   |   | 2 |
| 9 |   | 2 |   |   |   |   |   | 3 |
|   |   |   | 9 |   | 7 |   |   |   |
| 7 |   |   |   |   |   | 8 |   | 1 |
| 8 |   |   |   |   |   |   |   |   |
|   | 6 | 4 |   |   | 9 |   | 7 |   |
| 3 |   |   | 5 | 6 |   |   | 1 |   |

# PUZZLE 129

| | | | | 3 | 6 | 4 | | |
|---|---|---|---|---|---|---|---|---|
| | | | 7 | | 9 | | 8 | |
| | | 1 | | | | | | 9 |
| 4 | | | | | | 2 | | |
| 9 | 7 | | | 4 | | | 3 | 1 |
| | | 2 | | | | | | 6 |
| 7 | | | | | | 5 | | |
| | 6 | | 2 | | 3 | | | |
| | | 4 | 6 | 5 | | | | |

# PUZZLE 130

|   |   | 2 |   | 7 |   |   | 6 | 1 |
|---|---|---|---|---|---|---|---|---|
| 8 |   |   |   |   |   |   |   |   |
|   | 3 |   | 5 | 1 |   |   |   |   |
|   |   | 3 |   |   | 2 | 6 |   |   |
|   | 8 |   |   | 3 |   |   | 9 |   |
|   |   | 4 | 6 |   |   | 5 |   |   |
|   |   |   |   | 6 | 4 |   | 7 |   |
|   |   |   |   |   |   |   |   | 2 |
| 3 | 2 |   |   | 5 |   | 1 |   |   |

# PUZZLE 131

| 2 |   | 1 |   | 7 | 6 |   |   |   |
|---|---|---|---|---|---|---|---|---|
|   |   |   |   |   | 1 | 6 |   |   |
| 7 |   |   |   | 3 |   | 5 |   |   |
|   |   | 3 |   |   | 4 |   |   | 8 |
|   | 2 | 6 |   |   |   | 9 | 3 |   |
| 1 |   |   | 3 |   |   | 7 |   |   |
|   |   | 2 |   | 4 |   |   |   | 7 |
|   |   | 5 | 1 |   |   |   |   |   |
|   |   |   | 9 | 5 |   | 8 |   | 4 |

# PUZZLE 132

| 7 |   | 1 |   |   |   |   |   | 2 |
|---|---|---|---|---|---|---|---|---|
| 2 | 4 |   |   |   | 3 |   |   |   |
|   |   | 8 |   | 7 |   | 4 | 6 | 9 |
|   |   | 5 |   | 1 |   |   | 7 |   |
|   |   |   |   |   |   |   |   |   |
|   | 7 |   |   | 9 |   | 6 |   |   |
| 5 | 8 | 7 |   | 6 |   | 9 |   |   |
|   |   |   | 4 |   |   |   | 5 | 6 |
| 4 |   |   |   |   |   | 8 |   | 3 |

# PUZZLE 133

| | | | | | | | | |
|---|---|---|---|---|---|---|---|---|
| | 3 | | 7 | | | | 5 | 6 |
| | 4 | | | | 1 | | 2 | |
| | | | 5 | 8 | | | | 4 |
| 3 | | | | | 5 | | | 7 |
| | | 6 | | | | 3 | | |
| 9 | | | 3 | | | | | 1 |
| 6 | | | | 1 | 2 | | | |
| | 1 | | 8 | | | | 7 | |
| 5 | 9 | | | | 7 | | 6 | |

# PUZZLE 134

|   |   |   |   | 3 |   |   | 9 | 5 |
|---|---|---|---|---|---|---|---|---|
| 2 |   |   |   |   | 4 |   |   |   |
| 3 |   |   | 9 |   |   |   | 4 | 8 |
| 4 |   |   |   | 5 | 8 |   |   |   |
|   |   | 2 |   |   |   | 3 |   |   |
|   |   |   | 4 | 1 |   |   |   | 6 |
| 8 | 6 |   |   |   | 7 |   |   | 1 |
|   |   |   | 5 |   |   |   |   | 7 |
| 1 | 5 |   |   | 8 |   |   |   |   |

# PUZZLE 135

|   |   |   |   |   |   |   |   |   |
|---|---|---|---|---|---|---|---|---|
|   | 9 |   |   |   | 5 |   |   |   |
| 1 | 7 |   |   | 2 |   |   |   |   |
| 4 |   |   | 8 |   |   | 6 | 2 |   |
| 5 |   |   |   |   |   |   |   | 7 |
|   |   | 6 | 2 |   | 8 | 4 |   |   |
| 2 |   |   |   |   |   |   |   | 1 |
|   | 6 | 1 |   |   | 3 |   |   | 2 |
|   |   |   |   | 9 |   |   | 7 | 6 |
|   |   |   | 1 |   |   |   | 3 |   |

# PUZZLE 136

| 8 | 9 |   |   |   |   |   |   | 6 |
|---|---|---|---|---|---|---|---|---|
|   |   | 2 | 5 |   |   |   | 8 | 3 |
| 6 |   |   | 7 |   |   |   |   |   |
|   |   |   |   | 1 | 3 |   | 2 |   |
|   |   | 8 |   |   |   | 6 |   |   |
|   | 4 |   | 2 | 6 |   |   |   |   |
|   |   |   |   |   | 5 |   |   | 2 |
| 7 | 5 |   |   |   | 4 | 3 |   |   |
| 1 |   |   |   |   |   |   | 4 | 9 |

# PUZZLE 137

| | | | | | | | | |
|---|---|---|---|---|---|---|---|---|
| 8 | 7 | | | | | | 3 | |
| | | 9 | | 8 | 7 | | | 1 |
| | | 2 | | | 1 | | | 9 |
| | | 5 | 8 | | | | 6 | |
| | | | 7 | | 6 | | | |
| | 1 | | | | 2 | 4 | | |
| 1 | | | 2 | | | 3 | | |
| 9 | | | 6 | 3 | | 1 | | |
| | 3 | | | | | | 5 | 6 |

# PUZZLE 138

| | | | | | | | | |
|---|---|---|---|---|---|---|---|---|
| 2 | | | 6 | | | 9 | 5 | |
| | | | | 5 | 2 | 3 | | 8 |
| 3 | | | | 7 | | | | |
| | 8 | | | | 5 | 1 | | 3 |
| | | | | | | | | |
| 9 | | 7 | 3 | | | | 6 | |
| | | | | 1 | | | | 4 |
| 8 | | 1 | 9 | 2 | | | | |
| | 7 | 2 | | | 8 | | | 1 |

# PUZZLE 139

|   |   |   | 9 |   | 4 | 2 |   |   |
|---|---|---|---|---|---|---|---|---|
|   |   |   | 6 |   |   |   |   | 5 |
|   |   |   |   | 5 | 4 | 7 |   |   |
| 8 | 2 |   |   | 6 |   |   | 4 |   |
| 5 |   |   | 1 |   | 8 |   |   | 2 |
|   | 6 |   |   | 4 |   |   | 8 | 9 |
|   | 8 | 3 | 4 |   |   |   |   |   |
| 4 |   |   |   |   | 6 |   |   |   |
|   |   | 9 | 7 |   | 2 |   |   |   |

# PUZZLE 140

|   |   |   | 9 |   |   |   |   | 2 |
|---|---|---|---|---|---|---|---|---|
|   |   | 9 |   |   | 6 | 4 |   | 1 |
|   |   |   |   |   | 4 | 3 | 8 |   |
|   |   |   | 7 |   |   | 9 |   |   |
| 3 |   | 1 |   | 4 |   | 5 |   | 7 |
|   |   | 5 |   |   | 1 |   |   |   |
|   | 4 | 3 | 1 |   |   |   |   |   |
| 1 |   | 7 | 8 |   |   | 6 |   |   |
| 9 |   |   |   |   | 5 |   |   |   |

# PUZZLE 141

|   |   | 8 |   |   |   |   |   | 3 |
|---|---|---|---|---|---|---|---|---|
|   | 4 |   |   |   | 7 |   |   | 8 |
|   | 5 | 1 |   | 3 |   |   |   |   |
|   |   |   |   | 2 | 9 |   |   |   |
| 3 |   | 7 |   | 6 |   | 5 |   | 2 |
|   |   |   | 5 | 7 |   |   |   |   |
|   |   |   |   | 9 |   | 1 | 3 |   |
| 6 |   |   | 7 |   |   |   | 4 |   |
| 4 |   |   |   |   |   | 7 |   |   |

# PUZZLE 142

| | | | 2 | | | 9 | 5 | |
|---|---|---|---|---|---|---|---|---|
| | | | 1 | | 4 | 6 | | 3 |
| | 6 | | | | | 4 | 1 | |
| | | | 7 | | 6 | 3 | | |
| 7 | | | | | | | | 2 |
| | | 9 | 3 | | 8 | | | |
| | 4 | 8 | | | | | 3 | |
| 3 | | 2 | 6 | | 1 | | | |
| | 9 | 1 | | | 3 | | | |

# PUZZLE 143

|   | 9 |   |   | 6 |   | 8 | 2 |   |
|---|---|---|---|---|---|---|---|---|
|   | 6 |   |   | 7 |   |   |   |   |
| 1 |   |   |   |   | 8 |   |   | 4 |
|   |   |   | 2 |   | 4 | 9 |   |   |
|   | 3 |   |   |   |   |   | 7 |   |
|   |   | 4 | 3 |   | 7 |   |   |   |
| 6 |   |   | 7 |   |   |   |   | 1 |
|   |   |   |   | 5 |   |   | 9 |   |
|   | 2 | 7 |   | 4 |   |   | 5 |   |

# PUZZLE 144

| | | | | | | | | |
|---|---|---|---|---|---|---|---|---|
| | | 2 | | 8 | 6 | | | 5 |
| | 1 | | | | 5 | | 3 | |
| | | 4 | 1 | | | | | 2 |
| | | 8 | 6 | | | 2 | | 3 |
| | | | | | | | | |
| 1 | | 5 | | | 2 | 8 | | |
| 2 | | | | | 7 | 3 | | |
| | 8 | | 5 | | | | 9 | |
| 5 | | | 9 | 1 | | 6 | | |

# PUZZLE 145

|   |   |   | 5 |   | 9 |   |   |   |
|---|---|---|---|---|---|---|---|---|
|   |   | 9 |   | 2 |   | 3 | 7 | 1 |
|   |   | 1 |   |   |   |   |   | 2 |
|   | 8 |   |   |   | 3 |   | 2 |   |
| 7 | 3 |   |   |   |   |   | 1 | 9 |
|   | 1 |   | 4 |   |   |   | 6 |   |
| 8 |   |   |   |   | 6 |   |   |   |
| 2 | 6 | 3 |   | 7 |   | 4 |   |   |
|   |   | 7 |   | 4 |   |   |   |   |

# PUZZLE 146

| 6 |   |   | 1 |   |   | 9 |   |   |
|---|---|---|---|---|---|---|---|---|
|   | 8 |   |   |   |   | 7 | 6 | 1 |
| 1 |   |   | 7 |   |   |   |   | 5 |
|   |   | 1 | 8 |   |   |   |   |   |
|   | 4 |   |   | 1 |   |   | 7 |   |
|   |   |   |   | 5 |   | 4 |   |   |
| 3 |   |   |   |   | 9 |   |   | 7 |
| 4 | 6 | 2 |   |   |   |   | 9 |   |
|   |   | 9 |   |   | 4 |   |   | 8 |

# PUZZLE 147

| | | | | | 1 | 9 | 7 | |
|---|---|---|---|---|---|---|---|---|
| 8 | | | 9 | 5 | | 6 | 1 | |
| | | | 6 | | 3 | | | |
| | 1 | | 9 | 2 | 5 | | | |
| | | | | | | | | |
| | | 2 | 8 | 3 | | | 6 | |
| | 9 | | 1 | | | | | |
| 8 | 4 | | 7 | 9 | | | | 3 |
| 7 | 6 | 3 | | | | | | |

# PUZZLE 148

|   |   | 4 |   |   |   |   |   | 2 |
|---|---|---|---|---|---|---|---|---|
| 5 |   |   |   |   |   |   | 8 | 3 |
| 2 |   |   |   |   | 4 | 9 |   |   |
| 6 |   |   |   | 9 |   | 2 |   |   |
|   | 3 | 1 |   | 2 |   | 8 | 9 |   |
|   |   | 5 |   | 6 |   |   |   | 1 |
|   |   | 9 | 5 |   |   |   |   | 8 |
| 3 | 4 |   |   |   |   |   |   | 7 |
| 8 |   |   |   |   |   | 6 |   |   |

# PUZZLE 149

| 8 |   |   | 9 |   | 2 |   | 6 |   |
|---|---|---|---|---|---|---|---|---|
|   |   |   |   |   |   | 1 | 9 |   |
|   | 9 | 6 |   | 7 |   |   |   |   |
|   |   | 5 |   |   | 6 | 4 |   | 3 |
|   |   | 4 |   |   |   | 9 |   |   |
| 7 |   | 2 | 4 |   |   | 5 |   |   |
|   |   |   |   | 1 |   | 6 | 5 |   |
|   | 2 | 9 |   |   |   |   |   |   |
|   | 7 |   | 2 |   | 4 |   |   | 9 |

# PUZZLE 150

| | | | | | | | | |
|---|---|---|---|---|---|---|---|---|
| 4 | | 1 | | | | 5 | 2 | |
| | | | | | 9 | 8 | | |
| | | | 5 | | | | 1 | |
| | 3 | 6 | | | | | | |
| 7 | 4 | | | 6 | | | 5 | 8 |
| | | | | | | 9 | 6 | |
| | 7 | | | | 2 | | | |
| | | 4 | 7 | | | | | |
| | 6 | 3 | | | | 1 | | 4 |

# PUZZLE 151

| | | | | | | | 4 | |
|---|---|---|---|---|---|---|---|---|
| 8 | | 9 | 7 | | | | | |
| | 6 | 3 | | 2 | 4 | | | |
| 4 | 5 | | 8 | | | | 1 | |
| | | 8 | | | | 2 | | |
| | 9 | | | | 2 | | 8 | 7 |
| | | 4 | 8 | | | 1 | 9 | |
| | | | | | 5 | 3 | | 2 |
| | 3 | | | | | | | |

# PUZZLE 152

| 5 | 6 |   | 3 |   |   |   |   |   |
|---|---|---|---|---|---|---|---|---|
|   |   | 1 |   |   |   |   |   |   |
|   | 3 | 7 | 2 |   | 5 | 1 |   |   |
|   |   | 3 | 7 |   | 9 |   |   | 4 |
|   |   | 5 |   |   |   | 7 |   |   |
| 7 |   |   | 6 |   | 4 | 5 |   |   |
|   |   | 4 | 9 |   | 1 | 3 | 7 |   |
|   |   |   |   |   |   | 4 |   |   |
|   |   |   |   |   | 3 |   | 2 | 6 |

# PUZZLE 153

| 5 |   |   |   | 7 |   |   |   | 4 |
|---|---|---|---|---|---|---|---|---|
|   |   | 2 | 4 |   |   |   |   | 9 |
|   | 7 |   | 5 |   |   |   | 3 |   |
|   |   | 8 | 7 |   | 6 |   |   |   |
|   | 9 |   |   |   |   |   | 6 |   |
|   |   | 8 |   |   | 2 | 3 |   |   |
|   | 2 |   |   |   | 8 |   | 7 |   |
| 4 |   |   |   |   | 7 | 5 |   |   |
| 6 |   |   |   | 4 |   |   |   | 2 |

# PUZZLE 154

| | | | | | | | | |
|---|---|---|---|---|---|---|---|---|
| | | 4 | | | | | | |
| | | | 5 | | | 2 | 7 | |
| 6 | | | | | 9 | 4 | 5 | |
| 8 | 2 | | | 3 | | 6 | | |
| | | | 6 | | 4 | | | |
| | | 9 | | 2 | | | 1 | 3 |
| | 5 | 6 | 4 | | | | | 8 |
| | 3 | 8 | | | 1 | | | |
| | | | | | | 9 | | |

# PUZZLE 155

|   |   | 7 |   |   |   |   | 5 |   |
|---|---|---|---|---|---|---|---|---|
| 8 |   |   | 4 |   | 7 |   |   |   |
| 9 |   | 3 |   | 8 |   |   |   | 7 |
|   |   | 9 |   | 2 |   |   | 6 |   |
| 4 |   |   |   | 3 |   |   |   | 8 |
|   | 6 |   |   | 4 |   | 2 |   |   |
| 6 |   |   |   | 9 |   | 5 |   | 2 |
|   |   |   | 2 |   | 8 |   |   | 1 |
|   | 2 |   |   |   |   | 9 |   |   |

# PUZZLE 156

| | 6 | 4 | | | 3 | | | |
|---|---|---|---|---|---|---|---|---|
| | | | | | | | | 1 |
| 3 | | | | | 7 | | 8 | |
| 2 | | 6 | | 5 | | | 1 | 8 |
| | 3 | | 6 | | 8 | | 5 | |
| 5 | 9 | | | 7 | | 6 | | 4 |
| | 4 | | 7 | | | | | 6 |
| 6 | | | | | | | | |
| | | | 8 | | | 2 | 7 | |

# PUZZLE 157

| 8 |   | 6 | 1 |   |   |   | 7 |   |
|---|---|---|---|---|---|---|---|---|
|   | 1 |   |   |   | 4 |   | 9 |   |
|   |   |   |   |   |   |   | 8 | 1 |
| 1 |   |   |   | 4 | 5 | 9 |   |   |
|   |   |   |   |   |   |   |   |   |
|   |   | 4 | 9 | 2 |   |   |   | 8 |
| 7 | 2 |   |   |   |   |   |   |   |
|   | 9 |   | 6 |   |   |   | 5 |   |
|   | 6 |   |   |   | 9 | 4 |   | 3 |

# PUZZLE 158

| | | | | | | | | |
|---|---|---|---|---|---|---|---|---|
| | 3 | | | | | 7 | | |
| | | 5 | 8 | | | 4 | 6 | |
| | | | | | 9 | | | 3 |
| | | | 6 | | 7 | | | 4 |
| | | 7 | 4 | | 8 | 9 | | |
| 4 | | | 9 | | 2 | | | |
| 3 | | | 5 | | | | | |
| | 9 | 2 | | | 4 | 8 | | |
| | | 4 | | | | | 5 | |

# PUZZLE 159

|   |   |   | 6 |   | 7 | 2 |   |   |
|---|---|---|---|---|---|---|---|---|
|   | 6 | 2 |   |   |   | 9 |   |   |
| 8 |   |   | 2 | 3 |   |   | 5 |   |
|   |   | 1 | 7 |   |   |   |   | 6 |
|   |   |   |   |   |   |   |   |   |
| 2 |   |   |   |   | 4 | 7 |   |   |
|   | 4 |   |   | 2 | 8 |   |   | 1 |
|   |   | 5 |   |   |   | 4 | 6 |   |
|   |   | 3 | 5 |   | 6 |   |   |   |

# PUZZLE 160

| | | | | | | | | |
|---|---|---|---|---|---|---|---|---|
| 8 | | 4 | | 1 | | | | |
| 5 | | | | | 3 | | | 4 |
| | | | 2 | | | 6 | | |
| 7 | | 5 | | | | 3 | | |
| 3 | | 8 | | | | 5 | | 9 |
| | | 9 | | | | 7 | | 8 |
| | | 1 | | | 4 | | | |
| 2 | | | 9 | | | | | 5 |
| | | | | 7 | | 1 | | 2 |

# PUZZLE 161

| 8 |   |   |   | 5 |   |   |   |   |
|---|---|---|---|---|---|---|---|---|
|   |   | 9 |   |   |   |   | 3 |   |
| 5 |   |   | 8 |   |   | 6 | 4 | 9 |
|   | 9 |   |   | 1 | 7 |   | 2 |   |
|   |   | 7 |   |   |   | 1 |   |   |
|   | 3 |   | 4 | 6 |   |   | 9 |   |
| 3 | 2 | 1 |   |   | 6 |   |   | 7 |
|   | 8 |   |   |   |   | 9 |   |   |
|   |   |   |   | 7 |   |   |   | 2 |

# PUZZLE 162

| 6 |   | 8 |   |   | 2 |   | 1 |   |
|---|---|---|---|---|---|---|---|---|
|   |   |   |   | 8 | 6 |   |   |   |
|   |   |   | 5 |   |   |   | 7 |   |
|   |   |   |   |   | 3 | 5 |   | 2 |
| 9 |   |   |   |   |   |   |   | 1 |
| 2 |   | 3 | 6 |   |   |   |   |   |
|   | 2 |   |   |   | 5 |   |   |   |
|   |   |   | 8 | 9 |   |   |   |   |
|   | 4 |   | 1 |   |   | 9 |   | 5 |

# PUZZLE 163

| 2 |   | 7 | 4 |   |   | 9 |   |   |
|---|---|---|---|---|---|---|---|---|
|   |   |   |   |   |   |   |   | 2 |
|   | 4 |   |   | 9 |   |   |   |   |
|   |   | 8 |   |   |   | 6 | 9 |   |
|   |   | 4 | 6 |   | 3 | 1 |   |   |
|   | 5 | 1 |   |   |   | 4 |   |   |
|   |   |   |   | 3 |   |   | 5 |   |
| 1 |   |   |   |   |   |   |   |   |
|   |   | 9 |   |   | 4 | 7 |   | 6 |

# PUZZLE 164

| | | | | | | | | |
|---|---|---|---|---|---|---|---|---|
| | | | | 7 | | 1 | | |
| 5 | | 3 | 6 | | | | | 4 |
| 7 | | | 5 | | | | | 6 |
| | | | | | | | 4 | |
| | | 7 | 8 | 6 | 2 | 9 | | |
| | 6 | | | | | | | |
| 9 | | | | | 5 | | | 8 |
| 4 | | | | | 9 | 7 | | 3 |
| | | 2 | | 8 | | | | |

# PUZZLE 165

| | | | | | | | | |
|---|---|---|---|---|---|---|---|---|
| | | | | | | 9 | | |
| 3 | 6 | | 4 | | | | | |
| 5 | | 8 | 7 | | 2 | 6 | | |
| | | 4 | 8 | | 1 | | | 9 |
| | | | | | | | | |
| 7 | | | 2 | | 3 | 1 | | |
| | | 2 | 5 | | 7 | 8 | | 3 |
| | | | | | 4 | | 6 | 5 |
| | | 3 | | | | | | |

# PUZZLE 166

| | | | | | | | | |
|---|---|---|---|---|---|---|---|---|
| | | | | | 9 | | 2 | |
| 1 | | 8 | | 5 | | | | 4 |
| | 5 | | | | | | 8 | |
| | 3 | | 8 | | | 7 | | 1 |
| | 8 | | 4 | | 7 | | 9 | |
| 7 | | 9 | | | 3 | | 4 | |
| | 6 | | | | | | 3 | |
| 3 | | | | 7 | | 9 | | 8 |
| | 2 | | 3 | | | | | |

# PUZZLE 167

|   |   |   | 5 |   |   |   |   | 6 |
|---|---|---|---|---|---|---|---|---|
|   |   | 9 | 4 |   | 3 |   | 5 |   |
| 3 | 4 |   |   |   | 9 |   |   |   |
| 5 |   |   |   |   |   | 9 |   |   |
|   |   |   | 9 | 6 | 8 |   |   |   |
|   | 2 |   |   |   |   |   |   | 1 |
|   |   | 1 |   |   |   |   | 2 | 8 |
|   | 8 |   | 2 |   | 5 | 6 |   |   |
| 7 |   |   |   |   | 6 |   |   |   |

# PUZZLE 168

|   |   |   |   |   |   | 7 | 1 | 8 |
|---|---|---|---|---|---|---|---|---|
|   | 9 |   |   | 6 |   |   |   |   |
|   |   | 8 | 5 |   |   |   |   |   |
|   |   | 6 | 7 | 9 |   |   | 4 | 1 |
|   |   |   |   |   |   |   |   |   |
| 4 | 5 |   |   | 1 | 8 | 6 |   |   |
|   |   |   |   |   | 4 | 1 |   |   |
|   |   |   |   | 3 |   |   | 6 |   |
| 2 | 4 | 5 |   |   |   |   |   |   |

# PUZZLE 169

|   | 1 | 6 |   | 7 | 8 |   |   |   |
|---|---|---|---|---|---|---|---|---|
| 9 |   | 3 |   |   | 6 |   |   |   |
|   |   |   |   |   |   |   |   | 6 |
|   |   | 2 |   |   | 4 | 1 |   | 9 |
|   | 8 |   |   |   |   |   | 3 |   |
| 3 |   | 4 | 5 |   |   | 6 |   |   |
| 8 |   |   |   |   |   |   |   |   |
|   |   |   | 6 |   |   | 3 |   | 7 |
|   |   |   | 8 | 1 |   | 4 | 9 |   |

# PUZZLE 170

|   | 3 |   |   | 5 | 7 |   | 2 |   |
|---|---|---|---|---|---|---|---|---|
| 2 |   |   | 9 |   |   | 7 |   |   |
| 7 |   | 6 |   |   | 4 |   | 9 |   |
|   |   |   | 7 | 2 |   |   |   |   |
| 8 |   |   |   |   |   |   |   | 2 |
|   |   |   |   | 9 | 3 |   |   |   |
|   | 5 |   | 1 |   |   | 2 |   | 4 |
|   |   | 2 |   |   | 8 |   |   | 7 |
|   | 6 |   | 3 | 4 |   |   | 8 |   |

174

# PUZZLE 171

| | 3 | 2 | | | | 6 | | |
|---|---|---|---|---|---|---|---|---|
| 4 | | | 1 | | 3 | | 2 | |
| | 5 | | 6 | | | | | 9 |
| | | | 9 | 8 | | 2 | | |
| | | 3 | | | | 1 | | |
| | | 8 | | 2 | 7 | | | |
| | 1 | | | | 4 | | 5 | |
| | 4 | | 7 | | 5 | | | 2 |
| | | 5 | | | | 4 | 1 | |

# PUZZLE 172

| 3 | 8 |   |   |   | 2 |   | 1 |   |
|---|---|---|---|---|---|---|---|---|
|   |   |   | 7 | 1 |   |   |   |   |
| 5 |   |   |   |   | 6 |   |   | 7 |
| 9 |   |   |   |   | 7 | 8 | 6 | 5 |
|   |   |   |   |   |   |   |   |   |
| 2 | 6 | 5 | 1 |   |   |   |   | 9 |
| 8 |   |   | 4 |   |   |   |   | 6 |
|   |   |   |   | 7 | 5 |   |   |   |
|   | 4 |   | 6 |   |   |   | 5 | 3 |

# PUZZLE 173

|   |   |   | 7 | 2 |   |   | 9 | 6 |
|---|---|---|---|---|---|---|---|---|
|   | 8 |   |   |   |   | 4 |   |   |
|   |   | 1 |   | 5 |   |   |   | 2 |
|   |   | 6 | 9 |   |   |   |   |   |
| 3 |   | 9 |   |   |   | 5 |   | 4 |
|   |   |   |   |   | 4 | 9 |   |   |
| 2 |   |   |   | 3 |   | 6 |   |   |
|   |   | 7 |   |   |   |   | 8 |   |
| 6 | 3 |   |   | 7 | 9 |   |   |   |

# PUZZLE 174

| 5 | 7 |   |   |   |   |   | 2 |   |
|---|---|---|---|---|---|---|---|---|
|   |   |   | 7 |   | 3 |   |   | 4 |
|   |   |   | 9 |   | 5 |   |   |   |
|   | 1 |   | 4 | 6 |   |   |   |   |
|   | 3 |   | 9 |   | 1 |   | 6 |   |
|   |   |   |   | 2 | 5 |   | 7 |   |
|   |   | 2 |   | 3 |   |   |   |   |
| 9 |   |   | 8 |   | 4 |   |   |   |
|   | 4 |   |   |   |   |   | 1 | 9 |

# PUZZLE 175

|   | 3 |   |   |   |   | 9 |   |   |
|---|---|---|---|---|---|---|---|---|
| 1 |   |   | 6 |   | 3 |   | 7 | 2 |
|   |   |   | 9 |   | 5 |   | 1 |   |
| 4 |   |   | 8 |   |   |   |   |   |
|   | 1 |   |   | 7 |   |   | 2 |   |
|   |   |   |   |   | 1 |   |   | 7 |
|   | 8 |   | 5 |   | 7 |   |   |   |
| 2 | 7 |   | 1 |   | 9 |   |   | 8 |
|   |   | 6 |   |   |   |   | 5 |   |

# PUZZLE 176

| | | 1 | | | | 6 | 8 | |
|---|---|---|---|---|---|---|---|---|
| 5 | | | 2 | | | | 4 | |
| | | | 8 | | | | 5 | |
| | | 7 | | 6 | 8 | | | 9 |
| | | | 5 | | 1 | | | |
| 3 | | | 4 | 2 | | 5 | | |
| | 3 | | | 5 | | | | |
| | 1 | | | | 2 | | | 8 |
| | 2 | 9 | | | | 7 | | |

# PUZZLE 177

| | | | | | | | | |
|---|---|---|---|---|---|---|---|---|
| | | 7 | 5 | | | | 8 | |
| 2 | | 6 | | | 7 | | | |
| | 8 | 9 | | | 3 | | | |
| | | | 6 | | | | 9 | |
| 9 | | 4 | | | | 1 | | 7 |
| | 2 | | | | 1 | | | |
| | | | 1 | | | 6 | 5 | |
| | | | 2 | | | 3 | | 4 |
| | 1 | | | | 5 | 7 | | |

# PUZZLE 178

|   |   | 5 |   |   |   |   |   |   |
|---|---|---|---|---|---|---|---|---|
|   | 9 |   | 1 | 2 |   |   |   | 6 |
| 1 |   | 7 |   | 6 |   |   |   |   |
|   | 1 | 9 |   | 8 | 6 |   |   | 2 |
| 4 |   |   |   |   |   |   |   | 9 |
| 6 |   |   | 2 | 7 |   | 4 | 1 |   |
|   |   |   |   | 4 |   | 2 |   | 3 |
| 5 |   |   |   | 3 | 2 |   | 7 |   |
|   |   |   |   |   |   | 6 |   |   |

# PUZZLE 179

| 6 |   | 3 |   | 5 | 2 |   |   | 1 |
|---|---|---|---|---|---|---|---|---|
|   |   |   |   |   |   |   | 2 |   |
|   | 2 |   |   | 8 |   |   | 7 | 6 |
|   |   | 8 | 5 |   |   | 3 |   |   |
|   |   |   |   | 6 |   |   |   |   |
|   |   | 9 |   |   | 8 | 7 |   |   |
| 5 | 4 |   |   | 2 |   |   | 9 |   |
|   | 1 |   |   |   |   |   |   |   |
| 8 |   |   | 4 | 7 |   | 1 |   | 5 |

# PUZZLE 180

| | 9 | | | 2 | | | | 8 |
|---|---|---|---|---|---|---|---|---|
| | | | 5 | 4 | | 1 | | |
| | 1 | 2 | | | | 5 | | |
| 2 | | | 1 | | | | | |
| 8 | 4 | | | | | | 6 | 2 |
| | | | | | 2 | | | 5 |
| | | 9 | | | | 3 | 7 | |
| | | 3 | | 9 | 5 | | | |
| 7 | | | | | 1 | | 5 | |

# PUZZLE 181

|   | 5 |   |   | 1 |   |   |   | 4 |
|---|---|---|---|---|---|---|---|---|
|   |   |   | 5 | 4 |   |   | 9 | 8 |
|   | 6 |   |   |   |   |   |   | 2 |
|   |   | 1 | 9 | 3 |   |   | 2 |   |
|   |   | 9 |   |   |   | 1 |   |   |
|   | 4 |   |   | 5 | 1 | 9 |   |   |
| 6 |   |   |   |   |   |   | 5 |   |
| 1 | 2 |   |   | 6 | 8 |   |   |   |
| 3 |   |   |   | 9 |   |   | 6 |   |

# PUZZLE 182

|   |   |   | 8 |   | 5 |   |   | 9 |
|---|---|---|---|---|---|---|---|---|
|   |   | 3 |   | 4 |   |   | 5 | 8 |
|   | 8 |   |   |   |   | 6 |   |   |
|   | 4 | 8 |   |   | 6 |   |   |   |
|   |   | 7 | 4 |   | 9 | 8 |   |   |
|   |   |   | 1 |   |   | 7 | 3 |   |
|   |   | 5 |   |   |   |   | 2 |   |
| 8 | 9 |   |   | 6 |   | 5 |   |   |
| 2 |   |   | 5 |   | 3 |   |   |   |

# PUZZLE 183

|   | 1 | 9 | 3 | 6 |   |   |   | 2 |
|---|---|---|---|---|---|---|---|---|
|   | 5 | 7 |   |   |   | 1 |   |   |
|   | 2 |   |   |   |   |   |   |   |
|   | 8 |   |   | 7 |   |   |   | 3 |
|   |   |   | 1 |   | 8 |   |   |   |
| 9 |   |   |   | 2 |   |   | 8 |   |
|   |   |   |   |   |   |   | 5 |   |
|   |   | 4 |   |   |   | 7 | 6 |   |
| 1 |   |   |   | 5 | 4 | 8 | 2 |   |

# PUZZLE 184

|   |   |   | 4 |   | 3 | 6 |   |   |
|---|---|---|---|---|---|---|---|---|
|   |   |   |   |   |   |   | 1 | 4 |
|   |   |   |   | 5 | 2 |   |   | 3 |
| 6 | 2 |   |   |   |   | 7 |   |   |
| 4 | 9 |   |   |   |   |   | 6 | 1 |
|   |   | 5 |   |   |   |   | 4 | 8 |
| 3 |   |   | 1 | 6 |   |   |   |   |
| 2 | 6 |   |   |   |   |   |   |   |
|   |   | 7 | 5 |   | 4 |   |   |   |

# PUZZLE 185

| | | | | | | | | |
|---|---|---|---|---|---|---|---|---|
| | | 4 | | | 2 | | | |
| | | 7 | 9 | | | | | |
| 6 | | | 7 | 4 | 8 | | | 1 |
| 1 | | 3 | | | | | 9 | 2 |
| | | | 3 | | 9 | | | |
| 2 | 5 | | | | | 4 | | 7 |
| 4 | | | 1 | 3 | 7 | | | 9 |
| | | | | | 4 | 7 | | |
| | | | 5 | | | 3 | | |

# PUZZLE 186

|   |   |   |   | 1 |   | 6 | 2 |   |
|---|---|---|---|---|---|---|---|---|
|   |   |   | 4 |   | 6 | 9 |   |   |
| 7 | 4 |   |   |   | 2 |   |   |   |
| 3 | 6 |   |   |   | 1 | 7 |   |   |
|   |   | 8 |   |   |   | 3 |   |   |
|   |   | 7 | 3 |   |   |   | 4 | 1 |
|   |   |   | 1 |   |   |   | 6 | 7 |
|   |   | 1 | 6 |   | 4 |   |   |   |
|   | 2 | 4 |   | 8 |   |   |   |   |

# PUZZLE 187

|   |   |   |   |   | 1 | 2 |   |   |
|---|---|---|---|---|---|---|---|---|
| 8 |   |   | 2 | 5 |   | 4 |   |   |
|   |   |   |   |   | 3 | 8 | 7 | 5 |
| 7 | 6 |   | 3 |   |   |   | 9 |   |
|   |   |   |   |   |   |   |   |   |
|   | 4 |   |   |   | 2 |   | 8 | 7 |
| 5 | 3 | 7 | 1 |   |   |   |   |   |
|   |   | 4 |   | 9 | 5 |   |   | 2 |
|   |   | 1 | 8 |   |   |   |   |   |

# PUZZLE 188

| | | | | | 9 | 2 | | |
|---|---|---|---|---|---|---|---|---|
| | 3 | 1 | 4 | | | | 6 | |
| 4 | | | 8 | 3 | | | | |
| | | | | 8 | | 9 | | 2 |
| 1 | | | | | | | | 5 |
| 7 | | 9 | | 4 | | | | |
| | | | | 7 | 3 | | | 6 |
| | 5 | | | | 8 | 7 | 9 | |
| | | 8 | 9 | | | | | |

# PUZZLE 189

|   |   | 8 |   |   | 4 |   |   | 2 |
|---|---|---|---|---|---|---|---|---|
| 7 | 4 |   |   | 5 |   |   |   |   |
|   |   | 3 | 8 |   |   |   | 9 |   |
|   |   | 5 | 2 |   |   |   |   | 4 |
|   | 1 | 5 |   |   |   | 6 | 2 |   |
| 4 |   |   |   | 3 | 6 |   |   |   |
|   | 2 |   |   |   | 3 | 5 |   |   |
|   |   |   | 1 |   |   |   | 6 | 9 |
| 9 |   |   | 2 |   |   | 1 |   |   |

# PUZZLE 190

| | | | | | | | | |
|---|---|---|---|---|---|---|---|---|
| | 5 | | | | 6 | 3 | | |
| 6 | | | | | | | 4 | 2 |
| 8 | 2 | | | | | | | |
| | | | | 3 | 2 | | 9 | 8 |
| 3 | | | | 7 | | | | 1 |
| 5 | 1 | | 6 | 9 | | | | |
| | | | | | | | 3 | 9 |
| 4 | 6 | | | | | | | 5 |
| | | 9 | 8 | | | | 1 | |

# PUZZLE 191

| | 4 | | 8 | | 1 | 5 | 7 | |
|---|---|---|---|---|---|---|---|---|
| | | | | | | | | 2 |
| 1 | | 7 | | | | | | 9 |
| | | 6 | 1 | | | | | |
| | | 4 | 5 | | 2 | 7 | | |
| | | | | | 7 | 1 | | |
| 6 | | | | | | 3 | | 4 |
| 4 | | | | | | | | |
| | 7 | 8 | 2 | | 5 | | 6 | |

# PUZZLE 192

| 7 |   |   | 6 |   | 4 |   |   |   |
|---|---|---|---|---|---|---|---|---|
|   |   | 3 |   |   |   | 8 |   |   |
| 4 |   |   |   |   | 9 |   | 6 | 5 |
|   |   |   |   | 7 |   |   |   |   |
| 6 | 3 |   |   |   |   |   | 7 | 2 |
|   |   |   |   | 4 |   |   |   |   |
| 9 | 5 |   | 3 |   |   |   |   | 6 |
|   |   | 6 |   |   |   | 2 |   |   |
|   |   |   | 9 |   | 1 |   |   | 3 |

# PUZZLE 193

|   |   |   | 9 |   | 3 | 4 |   |   |
|---|---|---|---|---|---|---|---|---|
|   | 3 |   |   |   | 4 |   | 5 |   |
|   | 2 | 1 |   |   |   |   |   |   |
|   |   | 3 |   | 5 |   |   |   | 7 |
|   |   |   | 6 |   | 7 |   |   |   |
| 2 |   |   |   | 9 |   | 1 |   |   |
|   |   |   |   |   |   | 8 | 6 |   |
|   | 7 |   | 8 |   |   |   | 9 |   |
|   |   | 9 | 5 |   | 2 |   |   |   |

# PUZZLE 194

| | 5 | 9 | 6 | 8 | | | | |
|---|---|---|---|---|---|---|---|---|
| | | | | | 1 | | | 6 |
| | 8 | | | 7 | 9 | | | |
| | | 3 | | | | 1 | 7 | |
| 8 | | | | | | | | 2 |
| | 7 | 2 | | | | 3 | | |
| | | | 4 | 3 | | | 6 | |
| 7 | | | 1 | | | | | |
| | | | | 5 | 6 | 7 | 4 | |

# PUZZLE 195

| 6 | 4 | 5 |   |   |   |   | 8 | 3 |
|---|---|---|---|---|---|---|---|---|
| 9 | 1 |   |   |   | 8 |   |   |   |
|   |   |   |   |   | 4 |   |   |   |
|   | 8 | 7 | 6 |   |   | 3 |   |   |
| 4 |   |   |   |   |   |   |   | 2 |
|   |   | 6 |   |   | 3 | 8 | 7 |   |
|   |   |   | 1 |   |   |   |   |   |
|   |   |   | 2 |   |   |   | 3 | 8 |
| 8 | 7 |   |   |   |   | 5 | 4 | 1 |

# PUZZLE 196

|   |   |   | 3 | 7 |   | 1 | 2 |   |
|---|---|---|---|---|---|---|---|---|
| 2 |   |   |   | 5 |   |   |   | 6 |
| 7 |   |   |   |   | 8 | 3 |   |   |
|   | 8 |   | 5 |   |   |   |   |   |
| 5 | 6 |   |   |   |   |   | 3 | 1 |
|   |   |   |   |   | 4 |   | 5 |   |
|   |   | 6 | 7 |   |   |   |   | 9 |
| 1 |   |   |   | 4 |   |   |   | 3 |
|   | 7 | 3 |   | 1 | 6 |   |   |   |

# PUZZLE 197

| | | | | | | | | |
|---|---|---|---|---|---|---|---|---|
| | | 2 | | | | 1 | | 6 |
| | | | 4 | 1 | | | 7 | |
| | 6 | | 3 | | | | | |
| 2 | | 8 | | 6 | | | | |
| 6 | 7 | | | | | | 1 | 8 |
| | | | | 9 | | 6 | | 2 |
| | | | | | 4 | | 3 | |
| | 4 | | | 2 | 9 | | | |
| 9 | | 1 | | | | 4 | | |

# PUZZLE 198

| | | | | | | | | |
|---|---|---|---|---|---|---|---|---|
| | | 8 | 5 | 9 | | | | |
| | 3 | | 4 | | 8 | | | |
| | | 4 | | 7 | | | 5 | 2 |
| | | 1 | | | | | 6 | 4 |
| | | | 6 | | 7 | | | |
| 3 | 6 | | | | | 5 | | |
| 1 | 2 | | | 8 | | 7 | | |
| | | | 1 | | 5 | | 2 | |
| | | | | 2 | 4 | 9 | | |

# PUZZLE 199

| 1 |   | 6 | 9 |   | 5 |   |   |   |
|   |   | 7 | 1 |   |   |   |   | 3 |
|   | 4 |   |   | 7 |   |   |   |   |
|   | 9 |   |   | 6 |   | 5 |   |   |
| 8 |   | 1 |   |   |   | 6 |   | 4 |
|   |   | 3 |   | 9 |   |   | 1 |   |
|   |   |   |   | 1 |   |   | 5 |   |
| 9 |   |   |   |   | 8 | 4 |   |   |
|   |   |   | 4 |   | 7 | 3 |   | 9 |

# PUZZLE 200

| 8 | 4 |   |   |   |   |   |   |   |
|---|---|---|---|---|---|---|---|---|
| 7 | 6 |   | 1 |   |   |   | 3 | 8 |
|   |   | 3 |   |   | 6 | 7 |   |   |
|   |   |   |   | 2 | 5 | 3 |   |   |
|   | 2 |   |   |   |   |   | 8 |   |
|   |   | 5 | 6 | 1 |   |   |   |   |
|   |   | 6 | 4 |   |   | 8 |   |   |
| 3 | 5 |   |   |   | 1 |   | 2 | 4 |
|   |   |   |   |   |   |   | 7 | 6 |

# DIFFICULT
# SU DOKU

# PUZZLE 201

| | | | | | | | | |
|---|---|---|---|---|---|---|---|---|
| | | 1 | 5 | | | 2 | 4 | |
| | | 4 | | 3 | 8 | | 9 | |
| | | | 1 | | | | | 7 |
| | | | | | | | 2 | 5 |
| 1 | | | | 6 | | | | 3 |
| 7 | 3 | | | | | | | |
| 6 | | | | | 3 | | | |
| | 1 | | 9 | 2 | | 7 | | |
| | 2 | 5 | | | 1 | 8 | | |

# PUZZLE 202

|   |   |   |   | 4 |   | 5 |   | 1 |
|---|---|---|---|---|---|---|---|---|
|   |   |   |   |   | 7 |   |   | 9 |
| 3 | 6 |   | 8 | 1 |   |   |   |   |
| 6 |   |   |   |   |   | 2 | 9 |   |
| 7 |   |   |   | 6 |   |   |   | 5 |
|   | 2 | 1 |   |   |   |   |   | 3 |
|   |   |   |   | 9 | 4 |   | 5 | 6 |
| 8 |   |   | 7 |   |   |   |   |   |
| 5 |   | 4 |   | 2 |   |   |   |   |

# PUZZLE 203

|   | 4 |   |   |   | 8 |   |   |   |
|---|---|---|---|---|---|---|---|---|
|   |   |   | 3 | 7 | 1 |   |   |   |
| 7 |   |   |   |   |   | 2 |   | 6 |
|   | 1 |   |   |   |   | 3 |   | 9 |
|   |   | 3 | 1 |   | 7 | 6 |   |   |
| 9 |   | 6 |   |   |   |   | 1 |   |
| 8 |   | 2 |   |   |   |   |   | 3 |
|   |   |   | 2 | 6 | 5 |   |   |   |
|   |   |   | 9 |   |   |   | 5 |   |

# PUZZLE 204

|   |   |   |   |   |   |   | 6 | 9 |
|---|---|---|---|---|---|---|---|---|
| 2 |   |   | 6 | 4 |   |   |   | 7 |
|   | 1 |   |   |   | 9 | 8 |   |   |
|   |   | 8 |   |   |   | 6 |   |   |
|   |   | 2 | 7 |   | 1 | 9 |   |   |
|   |   | 1 |   |   |   | 5 |   |   |
|   |   | 6 | 3 |   |   |   | 9 |   |
| 1 |   |   |   | 6 | 7 |   |   | 3 |
| 8 | 7 |   |   |   |   |   |   |   |

# PUZZLE 205

| | | | | | | | | |
|---|---|---|---|---|---|---|---|---|
| | | 7 | | | | 8 | | |
| | 4 | | | 2 | | | 6 | |
| 9 | | | | 6 | 8 | | | |
| 7 | | | | | 3 | | 2 | 6 |
| | | 1 | | | | 5 | | |
| 5 | 6 | | 9 | | | | | 3 |
| | | | 8 | 9 | | | | 5 |
| | 1 | | | 7 | | | 3 | |
| | | 6 | | | | 1 | | |

# PUZZLE 206

|   |   |   | 3 |   |   | 7 |   |   |
|---|---|---|---|---|---|---|---|---|
| 6 | 7 |   |   | 9 |   |   |   | 4 |
| 4 |   |   |   | 7 |   | 9 |   | 2 |
|   |   |   |   |   |   | 8 |   | 1 |
|   |   | 7 |   |   |   | 3 |   |   |
| 3 |   | 8 |   |   |   |   |   |   |
| 5 |   | 6 |   | 4 |   |   |   | 3 |
| 9 |   |   |   | 8 |   |   | 4 | 7 |
|   |   | 2 |   |   | 6 |   |   |   |

# PUZZLE 207

| 5 |   | 3 | 4 |   |   |   | 7 |   |
|   |   |   |   |   |   | 5 |   |   |
| 1 | 2 |   | 7 |   |   |   |   |   |
| 8 |   | 7 | 9 |   |   |   |   |   |
|   |   | 1 | 5 |   | 2 | 3 |   |   |
|   |   |   |   |   | 1 | 7 |   | 6 |
|   |   |   |   |   | 3 |   | 8 | 2 |
|   | 8 |   |   |   |   |   |   |   |
|   | 4 |   |   |   | 7 | 1 |   | 5 |

# PUZZLE 208

| | | | | | | | | |
|---|---|---|---|---|---|---|---|---|
| 5 | 4 | | 6 | | | | | 1 |
| | 1 | 2 | | 4 | | | | |
| | | 7 | | 3 | | | | |
| | 6 | 5 | | | 4 | | | 7 |
| | | | | | | | | |
| 4 | | | 8 | | | 5 | 3 | |
| | | | | 8 | | 4 | | |
| | | | | 1 | | 3 | 8 | |
| 3 | | | | | 7 | | 9 | 5 |

# PUZZLE 209

| | | 5 | | | 9 | | 1 | |
|---|---|---|---|---|---|---|---|---|
| 6 | | 9 | 2 | 7 | | | | |
| | 2 | | | | | | 3 | |
| | | 2 | | 5 | | | | 4 |
| | | | 3 | | 4 | | | |
| 4 | | | | 9 | | 1 | | |
| | 4 | | | | | | 7 | |
| | | | 2 | 1 | 5 | | | 8 |
| | 6 | | 7 | | | 9 | | |

# PUZZLE 210

|   | 6 |   |   |   | 4 | 1 | 5 |   |
|---|---|---|---|---|---|---|---|---|
|   |   | 4 | 9 |   |   |   |   | 3 |
|   | 3 |   |   |   | 1 |   |   |   |
| 3 |   |   |   | 5 |   |   | 8 | 4 |
|   |   |   |   |   |   |   |   |   |
| 8 | 7 |   |   | 2 |   |   |   | 5 |
|   |   |   | 2 |   |   |   | 9 |   |
| 4 |   |   |   |   | 5 | 6 |   |   |
|   | 5 | 7 | 8 |   |   |   | 3 |   |

# PUZZLE 211

| | | | | | | | | |
|---|---|---|---|---|---|---|---|---|
| | 9 | 8 | | | | | | |
| 3 | | | 2 | | | | | |
| 2 | | 4 | 8 | | | | 1 | |
| | 3 | | 9 | 1 | | | 6 | 2 |
| | | | | | | | | |
| 6 | 7 | | | 8 | 2 | | 3 | |
| | 6 | | | | 3 | 2 | | 7 |
| | | | | | 4 | | | 6 |
| | | | | | | 1 | 5 | |

# PUZZLE 212

| 9 | 2 |   | 6 |   | 8 |   |   |   |
|---|---|---|---|---|---|---|---|---|
|   | 3 |   |   |   | 5 |   |   | 8 |
|   |   |   | 1 |   |   | 9 |   |   |
| 7 |   | 2 |   |   |   | 4 | 1 |   |
|   |   |   |   |   |   |   |   |   |
|   | 8 | 1 |   |   |   | 6 |   | 5 |
|   |   | 9 |   |   | 6 |   |   |   |
| 5 |   |   | 4 |   |   |   | 2 |   |
|   |   |   | 5 |   | 3 |   | 4 | 6 |

# PUZZLE 213

|   |   |   | 5 |   | 9 |   | 8 | 2 |
|---|---|---|---|---|---|---|---|---|
|   | 8 |   |   | 2 |   |   | 6 |   |
| 7 |   |   | 8 |   |   | 5 |   |   |
|   |   |   | 6 |   |   |   | 1 | 3 |
|   |   |   |   |   |   |   |   |   |
| 4 | 6 |   |   |   | 1 |   |   |   |
|   |   | 9 |   |   | 8 |   |   | 7 |
|   | 3 |   |   | 9 |   |   | 5 |   |
| 5 | 1 |   | 3 |   | 6 |   |   |   |

# PUZZLE 214

| | | | | | | | 7 | |
|---|---|---|---|---|---|---|---|---|
| 6 | | | | 7 | 9 | | 3 | 5 |
| | 9 | | 8 | | | 4 | | |
| | 1 | 7 | 5 | | 4 | | | |
| | | | | | | | | |
| | | | 1 | | 3 | 8 | 5 | |
| | | 6 | | | 2 | | 9 | |
| 4 | 5 | | 9 | 6 | | | | 3 |
| | 2 | | | | | | | |

# PUZZLE 215

| | 9 | 7 | 5 | 3 | | | | |
|---|---|---|---|---|---|---|---|---|
| | 1 | 5 | | | | | 7 | 8 |
| | 2 | | | | | | | |
| | | | | | 5 | 4 | | |
| | | | 7 | 1 | 8 | | | |
| | | 8 | 4 | | | | | |
| | | | | | | | | 4 |
| 4 | 3 | | | | | | 1 | 2 |
| | | | | 4 | 2 | 7 | 6 | |

# PUZZLE 216

| | 3 | | 9 | | | | | 6 |
|---|---|---|---|---|---|---|---|---|
| 1 | | | | | | | | |
| 7 | | | 6 | 5 | | | 9 | |
| 4 | | | | | | | 2 | |
| | | 6 | 8 | | 2 | 1 | | |
| | 8 | | | | | | | 3 |
| | 7 | | | 1 | 4 | | | 8 |
| | | | | | | | | 1 |
| 9 | | | | | 7 | | 5 | |

# PUZZLE 217

| 7 |   | 1 |   |   |   |   |   |   |
|---|---|---|---|---|---|---|---|---|
|   |   |   |   | 1 |   |   |   | 2 |
|   |   | 5 | 6 |   | 9 | 7 |   |   |
|   |   |   |   |   | 6 |   | 9 | 3 |
|   | 6 |   |   |   |   |   | 5 |   |
| 4 | 8 |   | 1 |   |   |   |   |   |
|   |   | 4 | 8 |   | 7 | 3 |   |   |
| 3 |   |   |   | 2 |   |   |   |   |
|   |   |   |   |   |   | 5 |   | 1 |

# PUZZLE 218

|   |   | 9 |   |   | 2 |   | 8 |   |
|---|---|---|---|---|---|---|---|---|
|   |   | 8 | 7 |   |   |   |   | 1 |
|   |   |   |   | 9 | 4 |   |   | 5 |
| 2 |   |   |   |   |   |   | 6 | 4 |
|   |   |   |   |   |   |   |   |   |
| 7 | 4 |   |   |   |   |   |   | 2 |
| 1 |   |   | 4 | 8 |   |   |   |   |
| 8 |   |   |   |   | 6 | 3 |   |   |
|   | 7 |   | 3 |   |   | 5 |   |   |

# PUZZLE 219

| 3 |   | 6 |   |   | 4 |   | 2 |   |
|   |   |   |   |   |   | 4 |   |   |
|   |   |   |   | 8 | 6 | 7 | 3 |   |
|   |   | 2 |   |   |   |   |   | 8 |
|   | 1 |   | 5 |   | 7 |   | 3 |   |
| 6 |   |   |   |   |   | 9 |   |   |
| 1 | 5 | 8 | 4 |   |   |   |   |   |
|   |   | 3 |   |   |   |   |   |   |
|   | 4 |   | 7 |   |   | 8 |   | 5 |

# PUZZLE 220

| 5 | 8 |   | 7 | 6 |   |   |   |   |
|---|---|---|---|---|---|---|---|---|
|   |   | 6 |   | 3 |   |   |   | 1 |
|   |   |   |   |   | 1 | 7 |   |   |
|   | 3 |   | 9 |   |   |   | 4 | 5 |
|   |   |   |   |   |   |   |   |   |
| 1 | 5 |   |   |   | 7 |   | 2 |   |
|   |   | 9 | 1 |   |   |   |   |   |
| 2 |   |   |   | 7 |   | 4 |   |   |
|   |   |   |   | 4 | 8 |   | 1 | 2 |

# PUZZLE 221

| | | | | | | | | |
|---|---|---|---|---|---|---|---|---|
| 1 | | | 4 | | 9 | | | |
| | | 4 | | 1 | | | | |
| 6 | | | | | | | | 8 |
| 2 | | | | 7 | 1 | | 9 | |
| | | 5 | 2 | | 3 | 8 | | |
| | 1 | | 8 | 4 | | | | 2 |
| 3 | | | | | | | | 6 |
| | | | | 8 | | 7 | | |
| | | | 7 | | 4 | | | 9 |

# PUZZLE 222

| | 5 | 6 | 9 | | | | | 8 |
|---|---|---|---|---|---|---|---|---|
| | | 7 | | | 3 | | | 2 |
| | | 3 | | | 5 | | 7 | |
| 5 | | | | | | 1 | | |
| | | | 6 | | 8 | | | |
| | | 9 | | | | | | 3 |
| | 4 | | 1 | | | 2 | | |
| 9 | | | 3 | | | 4 | | |
| 6 | | | | | 9 | 5 | 8 | |

# PUZZLE 223

|   |   | 3 |   | 9 |   |   |   |   |
|---|---|---|---|---|---|---|---|---|
|   |   |   |   | 1 | 5 |   | 7 |   |
| 6 |   |   |   |   | 8 |   | 9 | 5 |
|   | 1 | 4 |   |   |   | 7 |   |   |
| 7 |   |   |   |   |   |   |   | 4 |
|   |   | 9 |   |   |   | 1 | 6 |   |
| 3 | 6 |   | 4 |   |   |   |   | 7 |
|   | 8 |   | 2 | 3 |   |   |   |   |
|   |   |   |   | 6 |   | 2 |   |   |

# PUZZLE 224

|   |   |   | 3 |   |   |   |   |   |
|---|---|---|---|---|---|---|---|---|
|   | 1 |   |   | 9 | 7 | 5 |   | 8 |
| 6 |   |   |   |   |   |   | 4 | 7 |
|   | 6 | 9 | 8 |   |   |   |   | 5 |
|   |   |   |   |   |   |   |   |   |
| 3 |   |   |   |   | 5 | 2 | 1 |   |
| 7 | 5 |   |   |   |   |   |   | 3 |
| 1 |   | 2 | 4 | 5 |   |   | 8 |   |
|   |   |   |   |   | 3 |   |   |   |

# PUZZLE 225

| 3 | 5 | 4 |   |   |   |   | 6 |   |
|---|---|---|---|---|---|---|---|---|
|   |   |   |   |   | 7 |   | 3 | 8 |
|   |   | 7 |   | 1 |   | 9 |   |   |
|   |   |   |   | 4 |   |   | 9 |   |
|   |   | 3 |   |   |   | 7 |   |   |
|   | 9 |   |   | 2 |   |   |   |   |
|   |   | 5 |   | 8 |   | 6 |   |   |
| 8 | 4 |   | 9 |   |   |   |   |   |
|   | 2 |   |   |   |   | 8 | 7 | 1 |

# PUZZLE 226

| 4 | 5 |   |   | 9 |   |   |   | 7 |
|---|---|---|---|---|---|---|---|---|
|   |   |   | 1 |   |   |   |   | 5 |
|   |   |   |   | 2 | 6 |   |   |   |
| 5 | 2 |   |   | 4 |   | 7 |   |   |
| 3 |   |   |   |   |   |   |   | 1 |
|   |   | 8 |   | 1 |   |   | 2 | 6 |
|   |   | 9 |   | 3 |   |   |   |   |
| 2 |   |   |   |   | 9 |   |   |   |
| 7 |   |   |   | 8 |   |   | 9 | 4 |

# PUZZLE 227

| | | | | | | | | |
|---|---|---|---|---|---|---|---|---|
| 4 | | | 8 | 2 | | | | |
| | 5 | | | | | 6 | | |
| | | | | 1 | 9 | | | |
| 5 | 3 | | 1 | | | | 2 | |
| 2 | | 6 | | | | 9 | | 1 |
| | 9 | | | | 6 | | 7 | 3 |
| | | | 4 | 8 | | | | |
| | | 4 | | | | | 3 | |
| | | | | 6 | 3 | | | 9 |

# PUZZLE 228

| 5 |   |   |   |   | 1 | 2 |   |   |
|---|---|---|---|---|---|---|---|---|
|   |   |   |   | 3 |   |   | 7 | 6 |
|   |   |   |   | 9 | 4 |   |   |   |
|   | 3 |   |   |   |   |   |   | 4 |
| 2 |   | 5 | 6 |   | 8 | 1 |   | 7 |
| 9 |   |   |   |   |   |   | 5 |   |
|   |   | 8 | 3 |   |   |   |   |   |
| 3 | 9 |   |   | 4 |   |   |   |   |
|   |   | 7 | 9 |   |   |   |   | 5 |

# PUZZLE 229

| | | | | | | | | |
|---|---|---|---|---|---|---|---|---|
| 9 | | | | 2 | 3 | | | |
| 5 | 7 | | | 4 | | | 6 | |
| | | | 8 | | | | 9 | |
| | | | 6 | | | | | 8 |
| 2 | | | | | | | | 1 |
| 8 | | | | | 5 | | | |
| | 5 | | | | 8 | | | |
| | 3 | | | 6 | | | 4 | 7 |
| | | | 9 | 1 | | | | 6 |

# PUZZLE 230

| 3 |   |   |   |   | 5 |   |   | 4 |
|---|---|---|---|---|---|---|---|---|
| 2 | 5 |   |   |   | 3 |   |   |   |
|   |   | 1 |   |   | 8 | 6 | 3 |   |
|   |   |   |   |   | 4 |   |   |   |
| 7 |   | 4 |   | 9 |   | 5 |   | 8 |
|   |   |   | 6 |   |   |   |   |   |
|   | 1 | 8 | 7 |   |   | 4 |   |   |
|   |   |   | 5 |   |   |   | 1 | 9 |
| 5 |   |   | 8 |   |   |   |   | 7 |

# PUZZLE 231

|   |   |   |   |   | 7 |   |   |   |
|---|---|---|---|---|---|---|---|---|
| 4 | 6 | 2 | 8 |   | 3 |   |   | 7 |
|   |   | 5 |   | 4 |   | 6 |   |   |
|   |   | 7 |   |   |   |   | 6 |   |
|   |   |   | 7 | 6 | 1 |   |   |   |
|   | 2 |   |   |   |   | 7 |   |   |
|   |   | 9 |   | 7 |   | 2 |   |   |
| 3 |   |   | 2 |   | 5 | 8 | 9 | 4 |
|   |   |   | 4 |   |   |   |   |   |

# PUZZLE 232

| | | | | | | | | |
|---|---|---|---|---|---|---|---|---|
| | | | | 3 | | | | |
| 9 | 6 | 1 | | | | | | |
| | 8 | 2 | 9 | | | 4 | | |
| | | | 7 | | | | | 2 |
| | 2 | 9 | 3 | | 5 | 7 | 8 | |
| 5 | | | | | 8 | | | |
| | | 8 | | | 6 | 3 | 9 | |
| | | | | | | 1 | 4 | 5 |
| | | | | 1 | | | | |

# PUZZLE 233

| | 3 | | | | | | | |
|---|---|---|---|---|---|---|---|---|
| | | 8 | | | 1 | | 9 | 5 |
| 2 | 5 | 1 | 6 | 3 | | | | |
| | 8 | | 5 | | | | | |
| | | 3 | | | | 9 | | |
| | | | | | 2 | | 7 | |
| | | | 7 | 5 | 1 | | 3 | 9 |
| 3 | 1 | | 4 | | | 2 | | |
| | | | | | | | 6 | |

# PUZZLE 234

| 2 |   |   |   |   |   | 4 |   |   |
|---|---|---|---|---|---|---|---|---|
|   | 9 |   | 1 |   | 3 | 5 |   |   |
|   |   |   |   | 4 |   |   | 6 |   |
|   | 8 |   | 2 |   |   | 6 | 3 |   |
|   |   |   | 3 |   | 9 |   |   |   |
|   | 6 | 4 |   |   | 8 |   | 9 |   |
|   | 4 |   |   | 9 |   |   |   |   |
|   |   | 3 | 4 |   | 7 |   | 1 |   |
|   |   | 2 |   |   |   |   |   | 9 |

# PUZZLE 235

| 3 |   |   | 5 |   | 7 | 9 |   |   |
|---|---|---|---|---|---|---|---|---|
| 5 |   |   |   | 4 |   |   |   |   |
| 6 |   |   | 8 |   | 9 | 5 |   |   |
|   | 1 |   |   |   |   |   |   |   |
|   |   | 3 | 6 |   | 2 | 8 |   |   |
|   |   |   |   |   |   |   | 2 |   |
|   |   | 5 | 3 |   | 8 |   |   | 4 |
|   |   |   | 2 |   |   |   |   | 1 |
|   |   | 9 | 7 |   | 1 |   |   | 3 |

# PUZZLE 236

| 4 | 2 |   |   |   |   |   |   | 9 |
|---|---|---|---|---|---|---|---|---|
| 6 |   |   |   | 9 |   |   | 2 |   |
|   |   | 7 |   |   |   |   |   | 5 |
| 2 |   | 9 |   |   | 7 | 6 |   |   |
|   |   |   | 5 |   | 4 |   |   |   |
|   |   | 4 | 6 |   |   | 8 |   | 2 |
| 8 |   |   |   |   |   | 2 |   |   |
|   | 3 |   |   | 6 |   |   |   | 1 |
| 9 |   |   |   |   |   |   | 4 | 8 |

# PUZZLE 237

| | | | | | | | | |
|---|---|---|---|---|---|---|---|---|
| 5 | 7 | 1 | | | 6 | | 4 | |
| 4 | 2 | | | | | | | 1 |
| | | 6 | | | | | | |
| | | | | | 2 | 4 | | |
| 6 | | | 9 | 3 | 1 | | | 8 |
| | | 8 | 6 | | | | | |
| | | | | | | 9 | | |
| 9 | | | | | | | 5 | 6 |
| | 6 | | 1 | | | 2 | 8 | 3 |

# PUZZLE 238

|   |   |   |   |   | 5 |   | 1 |   |
|---|---|---|---|---|---|---|---|---|
|   |   | 1 | 8 |   |   |   |   |   |
|   | 5 |   |   |   | 7 |   |   | 2 |
| 8 | 4 | 9 |   | 7 |   |   |   | 1 |
|   |   | 7 |   | 3 |   | 6 |   |   |
| 5 |   |   |   | 1 |   | 9 | 2 | 7 |
| 4 |   |   | 6 |   |   |   | 8 |   |
|   |   |   |   |   | 1 | 5 |   |   |
|   | 3 |   | 7 |   |   |   |   |   |

# PUZZLE 239

| | 7 | 1 | | | 8 | | 9 | |
|---|---|---|---|---|---|---|---|---|
| 4 | | | | | 2 | | | |
| | 6 | | | | | 2 | | 8 |
| | | | | | | | 6 | 3 |
| 7 | | | 9 | | 4 | | | 1 |
| 1 | 4 | | | | | | | |
| 9 | | 5 | | | | | 7 | |
| | | | 5 | | | | | 6 |
| | 2 | | 3 | | | 1 | 5 | |

# PUZZLE 240

| | | | | | 8 | 9 | 6 | |
|---|---|---|---|---|---|---|---|---|
| | 2 | 7 | | 1 | | | 3 | |
| | | | | | | | | |
| | | | 8 | 4 | | | | 2 |
| | | 6 | 7 | | 5 | 4 | | |
| 9 | | | 1 | 2 | | | | |
| | | | | | | | | |
| | 8 | | | 4 | | 7 | 2 | |
| | 1 | 3 | 9 | | | | | |

# PUZZLE 241

| | 6 | 8 | | | | | 3 | 4 |
|---|---|---|---|---|---|---|---|---|
| | | 4 | | 8 | | 2 | | |
| | | | 4 | | | | | 7 |
| | 1 | | | 6 | | 4 | | |
| | | | 2 | 1 | 5 | | | |
| | | 5 | | 9 | | | 7 | |
| 9 | | | | | 8 | | | |
| | | 6 | | 7 | | 5 | | |
| 8 | 5 | | | | | 6 | 9 | |

# PUZZLE 242

|   |   |   |   |   | 4 |   |   | 3 |
|---|---|---|---|---|---|---|---|---|
| 1 |   |   | 5 |   |   |   |   |   |
|   |   | 4 |   | 2 | 6 | 7 |   |   |
|   | 4 |   | 2 |   |   | 5 |   |   |
| 9 | 2 |   |   | 6 |   |   | 4 | 8 |
|   |   | 8 |   |   | 1 |   | 2 |   |
|   |   | 3 | 6 | 8 |   | 9 |   |   |
|   |   |   |   |   | 7 |   |   | 4 |
| 6 |   |   | 3 |   |   |   |   |   |

# PUZZLE 243

| | | | | | | | | |
|---|---|---|---|---|---|---|---|---|
| | | | | 2 | 6 | 5 | 8 | |
| | | | 3 | | 1 | 7 | 2 | 6 |
| | | | | | | | | |
| | | | | 3 | 8 | 1 | | |
| 4 | | | | | | | | 2 |
| | | 9 | 4 | 5 | | | | |
| | | | | | | | | |
| 6 | 3 | 8 | 9 | | 5 | | | |
| | 4 | 2 | 8 | 7 | | | | |

# PUZZLE 244

| | 1 | | | | 3 | 6 | | 2 |
|---|---|---|---|---|---|---|---|---|
| 7 | | | 9 | | | | | |
| | 4 | 6 | | 2 | | | | |
| | | | | 8 | | 3 | | |
| | 9 | | 5 | | 7 | | 1 | |
| | | 8 | | 3 | | | | |
| | | | | 9 | | 7 | 6 | |
| | | | | | 2 | | | 4 |
| 6 | | 9 | 8 | | | | 5 | |

# PUZZLE 245

| | 2 | 7 | | | 6 | | | 3 |
|---|---|---|---|---|---|---|---|---|
| 8 | | | | 7 | | | | |
| | | 5 | | 9 | | | | |
| 2 | | | 4 | 5 | | | | |
| | 1 | 8 | | | | 3 | 4 | |
| | | | | 3 | 7 | | | 6 |
| | | | | 1 | | 8 | | |
| | | | | 6 | | | | 9 |
| 3 | | | 5 | | | 7 | 1 | |

# PUZZLE 246

|   |   |   |   |   |   |   |   |   |
|---|---|---|---|---|---|---|---|---|
|   |   |   |   |   |   |   |   |   |
| 2 |   |   | 6 |   |   |   |   | 4 |
| 9 | 1 |   | 2 | 4 | 8 |   |   |   |
| 5 |   |   |   |   | 2 |   |   | 1 |
|   |   | 3 |   |   |   | 5 |   |   |
| 6 |   |   | 4 |   |   |   |   | 8 |
|   |   |   | 8 | 1 | 9 |   | 5 | 7 |
| 3 |   |   |   |   | 6 |   |   | 2 |
|   |   |   |   |   |   |   |   |   |

# PUZZLE 247

| | | | | | | | | |
|---|---|---|---|---|---|---|---|---|
| | | | 8 | 1 | | 7 | | |
| | 9 | | | | | 3 | 5 | |
| | | | | | 4 | | | 8 |
| | 8 | | 9 | | | | 6 | |
| | | 5 | | | | 9 | | |
| | 2 | | | | 5 | | 4 | |
| 7 | | | 3 | | | | | |
| | 4 | 2 | | | | | 8 | |
| | | 6 | | 2 | 7 | | | |

# PUZZLE 248

| 5 |   |   |   |   |   |   | 7 |   |
|---|---|---|---|---|---|---|---|---|
|   | 1 |   | 8 |   | 2 | 6 |   |   |
| 4 |   |   | 5 |   |   |   |   |   |
|   |   |   |   | 2 | 1 |   | 9 |   |
|   | 6 | 9 |   |   |   | 8 | 2 |   |
|   | 2 |   | 7 | 9 |   |   |   |   |
|   |   |   |   |   | 3 |   |   | 2 |
|   |   | 1 | 9 |   | 7 |   | 4 |   |
|   | 5 |   |   |   |   |   |   | 8 |

# PUZZLE 249

| | | | | | | | | |
|---|---|---|---|---|---|---|---|---|
| | 7 | | 3 | | 2 | | | |
| | | | | 4 | | 6 | | 7 |
| 9 | | | | 1 | | | 2 | |
| | | 8 | | | | | | |
| 6 | 9 | | 8 | | 1 | | 3 | 4 |
| | | | | | | 1 | | |
| | 1 | | | 9 | | | | 8 |
| 5 | | 7 | | 2 | | | | |
| | | | 7 | | 3 | | 4 | |

# PUZZLE 250

|   |   |   |   | 9 |   | 1 |   |   |
|---|---|---|---|---|---|---|---|---|
|   |   |   |   | 6 | 3 | 7 |   |   |
|   | 8 |   | 5 |   |   |   |   | 2 |
|   |   | 8 |   | 4 |   |   | 1 |   |
| 7 | 1 |   |   |   |   |   | 2 | 6 |
|   | 5 |   |   | 8 |   | 3 |   |   |
| 6 |   |   |   |   | 1 |   | 9 |   |
|   |   | 3 | 4 | 5 |   |   |   |   |
|   |   | 2 |   | 7 |   |   |   |   |

# PUZZLE 251

| 2 | 6 |   |   | 1 |   | 4 |   |   |
|---|---|---|---|---|---|---|---|---|
| 9 |   | 1 | 5 |   |   |   |   |   |
| 5 |   | 3 |   |   |   |   |   |   |
| 6 |   |   |   |   | 5 | 7 |   |   |
|   | 1 |   |   |   |   |   | 4 |   |
|   |   | 2 | 6 |   |   |   |   | 8 |
|   |   |   |   |   |   | 8 |   | 4 |
|   |   |   |   |   | 3 | 1 |   | 6 |
|   |   | 7 |   | 4 |   |   | 5 | 2 |

# PUZZLE 252

|   |   | 7 |   |   |   | 9 |   |   |
|---|---|---|---|---|---|---|---|---|
| 5 | 6 |   |   |   |   |   | 2 |   |
|   |   |   |   | 4 | 2 |   | 7 |   |
|   |   |   | 7 |   |   |   |   | 5 |
|   |   | 8 | 5 |   | 6 | 4 |   |   |
| 9 |   |   |   |   | 8 |   |   |   |
|   | 5 |   | 3 | 1 |   |   |   |   |
|   | 3 |   |   |   |   |   | 9 | 1 |
|   |   | 4 |   |   |   | 3 |   |   |

# PUZZLE 253

|   | 5 |   | 1 |   |   |   |   |   |
|---|---|---|---|---|---|---|---|---|
|   |   | 6 |   | 4 |   |   |   |   |
| 9 | 4 | 1 |   | 2 |   | 6 |   |   |
| 2 |   |   | 3 |   |   |   |   | 7 |
|   | 8 |   |   |   |   |   | 5 |   |
| 4 |   |   |   |   | 6 |   |   | 1 |
|   |   | 4 |   | 5 |   | 3 | 2 | 6 |
|   |   |   |   | 3 |   | 1 |   |   |
|   |   |   |   |   | 8 |   | 4 |   |

# PUZZLE 254

| | | | | | | | | |
|---|---|---|---|---|---|---|---|---|
| 4 | | | | | | 1 | | |
| | 9 | | | 2 | 8 | | | |
| 8 | | | 5 | | | | 3 | |
| 2 | 4 | | 6 | | 1 | | | |
| | 3 | | | | | | 2 | |
| | | | 2 | | 7 | | 6 | 1 |
| | 7 | | | | 6 | | | 3 |
| | | | 3 | 7 | | | 9 | |
| | | 2 | | | | | | 8 |

# PUZZLE 255

| | | | | | | | | |
|---|---|---|---|---|---|---|---|---|
| 7 | | | | 9 | | | 2 | |
| 6 | | | | | | 8 | | |
| | 4 | | 1 | | 3 | | | |
| 1 | | | | | 6 | 4 | | 8 |
| | | | | | | | | |
| 5 | | 8 | 2 | | | | | 6 |
| | | | 7 | | 4 | | 9 | |
| | | 1 | | | | | | 7 |
| | 9 | | | 3 | | | | 2 |

# PUZZLE 256

|   | 2 | 6 |   |   |   | 8 | 7 |   |
|---|---|---|---|---|---|---|---|---|
| 1 | 7 |   | 2 | 9 |   | 5 |   |   |
|   |   | 3 |   |   |   |   | 9 |   |
|   |   |   | 6 |   | 3 |   |   |   |
|   |   |   |   | 7 |   |   |   |   |
|   |   |   | 5 |   | 1 |   |   |   |
|   | 6 |   |   |   |   | 9 |   |   |
|   |   | 1 |   | 4 | 9 |   | 3 | 5 |
|   | 3 | 9 |   |   |   | 7 | 8 |   |

# PUZZLE 257

| | | | | | | | | |
|---|---|---|---|---|---|---|---|---|
| | | 5 | | 2 | 3 | | | |
| | | 9 | | | 8 | | 7 | |
| 4 | | 3 | | | | | 5 | |
| | | 6 | | | 4 | | | 9 |
| | 5 | | | | | | 2 | |
| 1 | | | 2 | | | 7 | | |
| | 4 | | | | | 2 | | 7 |
| | 6 | | 9 | | | 8 | | |
| | | | 1 | 7 | | 4 | | |

# PUZZLE 258

|   |   |   |   |   | 8 | 3 |   |   |
|---|---|---|---|---|---|---|---|---|
| 2 |   |   |   | 3 |   | 1 | 7 |   |
| 3 |   |   | 6 | 2 |   |   |   |   |
|   |   |   |   |   | 4 | 6 |   |   |
| 1 | 5 |   |   |   |   |   | 8 | 4 |
|   |   | 3 | 9 |   |   |   |   |   |
|   |   |   |   | 4 | 9 |   |   | 5 |
|   | 3 | 7 |   | 8 |   |   |   | 9 |
|   |   | 1 | 5 |   |   |   |   |   |

# PUZZLE 259

|   |   |   |   |   |   | 9 |   |   |
|---|---|---|---|---|---|---|---|---|
|   |   |   | 3 |   | 2 |   | 6 |   |
| 5 | 4 |   |   |   |   |   | 8 | 7 |
| 4 | 1 |   | 5 | 9 |   | 6 |   |   |
|   |   |   |   |   |   |   |   |   |
|   |   | 7 |   | 6 | 4 |   | 1 | 9 |
| 7 | 6 |   |   |   |   |   | 3 | 1 |
|   | 9 |   | 2 |   | 5 |   |   |   |
|   |   | 4 |   |   |   |   |   |   |

# PUZZLE 260

| | | | | | | | | |
|---|---|---|---|---|---|---|---|---|
| | | | | 6 | | 9 | | |
| 3 | 8 | | | | 9 | | 7 | |
| 5 | | 1 | | 7 | | | | |
| | | | 8 | | | | | 9 |
| | | 3 | 2 | | 1 | 7 | | |
| 1 | | | | | 6 | | | |
| | | | | 2 | | 5 | | 4 |
| | 7 | | 9 | | | | 3 | 6 |
| | | 5 | | 8 | | | | |

# PUZZLE 261

| | | | | | | | | |
|---|---|---|---|---|---|---|---|---|
| | | | | | 1 | | | 7 |
| | 1 | | | 8 | | 6 | | |
| 9 | 6 | | | | | | 8 | |
| | | 4 | | | | | | 8 |
| | 5 | | 9 | 1 | 7 | | 3 | |
| 2 | | | | | | 5 | | |
| | 4 | | | | | | 6 | 5 |
| | | 5 | | 2 | | | 4 | |
| 7 | | | 3 | | | | | |

# PUZZLE 262

| | | | | | | | | |
|---|---|---|---|---|---|---|---|---|
| 7 | 6 | | | | | | | |
| | | 5 | | 2 | | | 4 | |
| 3 | | | 8 | | | 7 | | |
| 8 | | | 9 | 3 | | | | |
| | 9 | | | | | | 6 | |
| | | | | 5 | 6 | | | 4 |
| | | 9 | | | 1 | | | 3 |
| | 3 | | | 8 | | 5 | | |
| | | | | | | | 1 | 9 |

# PUZZLE 263

|   | 3 | 9 | 7 |   |   |   | 5 | 1 |
|---|---|---|---|---|---|---|---|---|
|   |   |   |   |   |   |   |   | 3 |
|   |   |   | 4 |   | 1 | 7 |   |   |
|   |   |   | 3 |   |   |   |   | 8 |
| 9 | 5 |   |   | 6 |   |   | 7 | 4 |
| 8 |   |   |   | 4 |   |   |   |   |
|   |   | 4 | 6 |   | 8 |   |   |   |
| 5 |   |   |   |   |   |   |   |   |
| 1 | 6 |   |   |   | 3 | 4 | 2 |   |

# PUZZLE 264

| | 4 | 3 | | | 2 | | | |
|---|---|---|---|---|---|---|---|---|
| | | | | 3 | | 6 | | |
| | 6 | | 8 | 5 | | | | |
| | | 5 | | | | | | 1 |
| 4 | 7 | | 6 | | 5 | | 3 | 8 |
| 3 | | | | | | 5 | | |
| | | | | 2 | 8 | | 1 | |
| | | 9 | | 7 | | | | |
| | | | 3 | | | 9 | 4 | |

## PUZZLE 265

| | | | 6 | | | | 4 | 3 |
|---|---|---|---|---|---|---|---|---|
| | | | | | | | 7 | |
| | | 5 | 2 | | 7 | 1 | | |
| | 8 | | 5 | | | | 6 | |
| | | 3 | | 7 | | 2 | | |
| | 2 | | | | 3 | | 9 | |
| | | 8 | 7 | | 1 | 6 | | |
| | 6 | | | | | | | |
| 9 | 4 | | | | 8 | | | |

# PUZZLE 266

|   |   | 1 |   | 8 |   |   |   |   |
|---|---|---|---|---|---|---|---|---|
| 5 | 3 |   |   |   | 7 |   | 1 | 4 |
|   |   |   |   | 1 |   |   |   |   |
| 8 | 5 |   |   |   | 2 |   |   | 1 |
|   |   | 3 |   |   |   | 2 |   |   |
| 7 |   |   | 1 |   |   |   | 9 | 3 |
|   |   | 9 |   |   |   |   |   |   |
| 2 | 1 |   | 3 |   |   |   | 5 | 7 |
|   |   |   |   | 1 |   | 3 |   |   |

# PUZZLE 267

|   |   |   | 6 | 3 |   | 8 |   |   |
|---|---|---|---|---|---|---|---|---|
|   |   | 1 | 9 | 4 |   |   |   |   |
|   | 3 |   |   | 5 |   |   |   |   |
| 6 | 1 |   |   |   |   |   | 7 |   |
| 2 |   | 3 |   |   |   | 1 |   | 9 |
|   | 5 |   |   |   |   |   | 4 | 8 |
|   |   |   |   | 7 |   |   | 2 |   |
|   |   |   |   | 1 | 4 | 3 |   |   |
|   |   | 5 |   | 6 | 2 |   |   |   |

# PUZZLE 268

|   | 3 | 5 |   |   |   |   |   |   |
|---|---|---|---|---|---|---|---|---|
|   | 4 |   | 6 |   | 1 |   |   |   |
|   |   |   |   | 9 | 2 |   |   | 8 |
|   |   | 1 |   |   | 3 | 9 | 2 | 6 |
|   |   |   |   |   |   |   |   |   |
| 3 | 2 | 9 | 1 |   |   | 8 |   |   |
| 7 |   |   | 2 | 4 |   |   |   |   |
|   |   |   | 7 |   | 9 |   | 5 |   |
|   |   |   |   |   |   | 2 | 4 |   |

# PUZZLE 269

| | | | | | | | | |
|---|---|---|---|---|---|---|---|---|
| 8 | | | | | 4 | | 3 | |
| | | | | 6 | | | | 1 |
| | | | 7 | | | 6 | 2 | |
| | 1 | | | 8 | 9 | | | |
| 3 | | | | | | | | 9 |
| | | | 4 | 2 | | | 5 | |
| | 4 | 8 | | | 7 | | | |
| 7 | | | | 4 | | | | |
| | 6 | | 5 | | | | | 2 |

# PUZZLE 270

|   | 2 |   | 7 |   |   |   |   |   |
|---|---|---|---|---|---|---|---|---|
|   | 9 | 5 | 3 |   | 1 |   |   | 2 |
| 1 |   |   |   |   |   |   | 9 |   |
|   |   |   | 9 |   |   | 5 | 8 | 7 |
|   |   |   |   |   |   |   |   |   |
| 6 | 5 | 3 |   |   | 8 |   |   |   |
|   | 8 |   |   |   |   |   |   | 6 |
| 3 |   |   | 1 |   | 9 | 8 | 4 |   |
|   |   |   |   |   | 7 |   | 3 |   |

# PUZZLE 271

| | | | | | | | | |
|---|---|---|---|---|---|---|---|---|
| | 4 | | | | 1 | | 5 | 2 |
| 5 | | | | | 2 | 4 | | |
| 9 | | | 7 | | | | | |
| | 6 | 9 | | | | | | |
| 1 | 7 | | | | | | 4 | 5 |
| | | | | | | 3 | 7 | |
| | | | | | 8 | | | 4 |
| | | 8 | 6 | | | | | 3 |
| 7 | 3 | | 2 | | | | 9 | |

# PUZZLE 272

| | | | | | | | | |
|---|---|---|---|---|---|---|---|---|
| | | | 5 | | | 2 | | |
| 2 | | 4 | 9 | | | | | |
| 6 | | | | | 8 | | | 1 |
| 9 | | | | | 6 | 3 | | |
| | 5 | 8 | | | | 1 | 6 | |
| | | 7 | 3 | | | | | 4 |
| 4 | | | 8 | | | | | 9 |
| | | | | | 3 | 4 | | 7 |
| | | 1 | | | 7 | | | |

# PUZZLE 273

| 5 |   | 2 |   |   |   |   |   | 1 |
|---|---|---|---|---|---|---|---|---|
| 3 |   |   |   | 7 | 9 |   |   |   |
|   | 4 |   |   | 2 | 6 |   |   |   |
| 6 | 2 |   |   |   |   |   |   | 5 |
|   | 8 |   |   | 5 |   |   | 1 |   |
| 4 |   |   |   |   |   |   | 9 | 3 |
|   |   |   | 3 | 1 |   |   | 2 |   |
|   |   |   | 7 | 8 |   |   |   | 4 |
| 1 |   |   |   |   |   | 7 |   | 8 |

# PUZZLE 274

| | | | | | | | | |
|---|---|---|---|---|---|---|---|---|
| | | | | | 2 | | 3 | |
| | 8 | | | 4 | | | | 7 |
| | 5 | | 3 | | | 9 | 8 | |
| | 9 | 8 | | | 3 | 6 | | |
| | | | | 2 | | | | |
| | | 6 | 4 | | | 1 | 2 | |
| | 3 | 5 | | | 9 | | 1 | |
| 6 | | | | 8 | | | 9 | |
| | 1 | | 7 | | | | | |

# PUZZLE 275

|   |   | 9 |   | 8 | 6 |   |   | 5 |
|---|---|---|---|---|---|---|---|---|
| 8 |   |   |   |   |   | 9 |   |   |
|   |   | 2 |   | 1 |   |   | 8 |   |
|   |   |   |   | 5 |   |   | 2 | 4 |
|   |   |   | 3 |   | 1 |   |   |   |
| 2 | 6 |   |   | 9 |   |   |   |   |
|   | 7 |   |   | 3 |   | 4 |   |   |
|   |   | 8 |   |   |   |   |   | 7 |
| 5 |   |   | 1 | 6 |   | 3 |   |   |

# PUZZLE 276

|   |   | 8 |   |   | 3 |   |   |   |
|---|---|---|---|---|---|---|---|---|
| 9 | 6 |   |   | 4 |   | 3 |   | 7 |
|   |   |   |   | 7 |   |   |   |   |
|   | 5 |   |   |   |   | 1 |   |   |
| 8 | 7 |   | 9 |   | 1 |   | 2 | 6 |
|   |   | 1 |   |   |   |   | 3 |   |
|   |   |   |   | 9 |   |   |   |   |
| 4 |   | 2 |   | 6 |   |   | 5 | 9 |
|   |   |   | 8 |   |   | 2 |   |   |

# PUZZLE 277

| | | | | | | | | |
|---|---|---|---|---|---|---|---|---|
| | | | | | | | 5 | |
| 2 | 3 | | | | | 8 | | 1 |
| 8 | | | | | 6 | 3 | 2 | |
| | | 3 | | 5 | | | 7 | |
| | | | 8 | | 4 | | | |
| | 2 | | | 3 | | 9 | | |
| | 6 | 7 | 1 | | | | | 2 |
| 9 | | 5 | | | | | 4 | 3 |
| | 1 | | | | | | | |

# PUZZLE 278

| | | | | | | | | |
|---|---|---|---|---|---|---|---|---|
| | 3 | | | | | 2 | | |
| | 4 | | 5 | 6 | 3 | | | |
| 1 | | 6 | | | | | | |
| | | 5 | | 3 | | 7 | | |
| | | | 7 | 5 | 1 | | | |
| | | 4 | | 2 | | 1 | | |
| | | | | | | 5 | | 6 |
| | | | 1 | 7 | 9 | | 8 | |
| | | 7 | | | | | 3 | |

# PUZZLE 279

| 8 |   | 1 | 2 |   |   |   |   |   |
|---|---|---|---|---|---|---|---|---|
| 9 |   |   |   |   |   | 6 | 7 |   |
|   |   |   |   | 7 | 1 |   |   |   |
|   |   | 8 |   | 6 |   |   |   |   |
| 6 |   | 3 |   | 2 |   | 4 |   | 9 |
|   |   |   |   | 3 |   | 2 |   |   |
|   |   |   | 3 | 9 |   |   |   |   |
|   | 4 | 7 |   |   |   |   |   | 2 |
|   |   |   |   |   | 4 | 5 |   | 6 |

# PUZZLE 280

| | 2 | | | 3 | | | 1 | |
|---|---|---|---|---|---|---|---|---|
| | | | 1 | | 6 | 2 | | 4 |
| | | | | | | | | |
| | | 9 | 3 | | | | | 5 |
| 1 | 4 | 5 | | | | 3 | 9 | 7 |
| 2 | | | | | 4 | 6 | | |
| | | | | | | | | |
| 8 | | 4 | 7 | | 3 | | | |
| | 1 | | | 5 | | | 3 | |

# PUZZLE 281

| | | | | | | | | |
|---|---|---|---|---|---|---|---|---|
| | | | | 1 | 3 | | | |
| | | 1 | 2 | | 7 | | | |
| | 7 | 8 | | | | | 2 | |
| 3 | 5 | | | 2 | | | 4 | |
| | 4 | | | | | | 8 | |
| | 6 | | | 4 | | | 7 | 3 |
| | 1 | | | | | 8 | 6 | |
| | | | 8 | | 1 | 5 | | |
| | | | 4 | 7 | | | | |

# PUZZLE 282

| | 8 | 7 | | 3 | 4 | | | 5 |
|---|---|---|---|---|---|---|---|---|
| | | | | 5 | | | 3 | |
| | | | | | | 1 | 9 | |
| | | | 7 | | | | | 9 |
| | 1 | | | | | | 8 | |
| 9 | | | | | 2 | | | |
| | 6 | 5 | | | | | | |
| | 3 | | | 6 | | | | |
| 2 | | | 3 | 1 | | 6 | 7 | |

# PUZZLE 283

| 4 |   |   |   |   | 8 |   | 3 | 9 |
|---|---|---|---|---|---|---|---|---|
|   |   |   |   |   |   | 7 | 2 |   |
|   |   |   | 7 |   | 6 |   |   | 4 |
|   |   | 6 | 1 | 7 |   |   |   |   |
|   | 8 |   |   |   |   |   | 9 |   |
|   |   |   |   | 8 | 2 | 1 |   |   |
| 8 |   |   | 9 |   | 4 |   |   |   |
|   | 4 | 3 |   |   |   |   |   |   |
| 9 | 5 |   | 2 |   |   |   |   | 3 |

## PUZZLE 284

|   |   | 3 | 1 |   |   |   |   |   |
|---|---|---|---|---|---|---|---|---|
|   |   | 5 | 8 | 9 |   |   |   |   |
|   | 6 |   |   |   |   |   | 7 | 2 |
|   |   |   |   |   | 7 | 4 |   | 6 |
|   | 9 |   |   |   |   |   | 8 |   |
| 4 |   | 7 | 3 |   |   |   |   |   |
| 1 | 5 |   |   |   |   |   | 4 |   |
|   |   |   |   | 3 | 1 | 2 |   |   |
|   |   |   |   | 5 |   | 6 |   |   |

# PUZZLE 285

| | 9 | | | | 5 | 3 | | |
|---|---|---|---|---|---|---|---|---|
| | | | | | 4 | | 2 | |
| | 4 | | 6 | 3 | | 9 | | |
| | | 6 | | 7 | | | 1 | |
| 9 | | | | | | | | 5 |
| | 7 | | | 6 | | 2 | | |
| | | 3 | | 1 | 9 | | 5 | |
| | 5 | | 2 | | | | | |
| | | 8 | 3 | | | | 6 | |

# PUZZLE 286

| 9 | 2 |   |   |   | 3 |   |   |   |
|   |   |   | 1 |   | 7 |   |   |   |
|   |   | 1 | 8 |   |   |   | 5 |   |
| 8 |   |   | 3 |   |   | 7 |   |   |
| 3 | 6 |   |   |   |   |   | 9 | 2 |
|   |   | 4 |   |   | 9 |   |   | 8 |
|   | 9 |   |   |   | 4 | 5 |   |   |
|   |   |   | 7 |   | 1 |   |   |   |
|   |   | 6 |   |   |   |   | 7 | 4 |

# PUZZLE 287

| 7 |   |   | 3 | 6 |   |   |   |   |
|---|---|---|---|---|---|---|---|---|
| 4 |   |   | 5 |   | 1 |   | 8 |   |
|   |   |   |   |   |   | 3 | 9 |   |
| 8 |   | 6 |   |   |   |   |   |   |
|   | 9 |   |   |   |   |   | 1 |   |
|   |   |   |   |   |   | 4 |   | 8 |
|   | 2 | 4 |   |   |   |   |   |   |
|   | 1 |   | 6 |   | 2 |   |   | 7 |
|   |   |   |   | 5 | 9 |   |   | 4 |

# PUZZLE 288

| 3 |   |   |   |   | 5 | 7 |   | 8 |
|---|---|---|---|---|---|---|---|---|
| 8 |   |   |   |   | 2 |   | 4 |   |
|   |   |   |   | 7 |   |   |   | 2 |
|   |   |   |   |   |   | 1 |   |   |
| 4 | 3 |   | 5 |   | 1 |   | 8 | 6 |
|   |   | 5 |   |   |   |   |   |   |
| 5 |   |   |   | 6 |   |   |   |   |
|   | 1 |   | 9 |   |   |   |   | 3 |
| 9 |   | 6 | 3 |   |   |   |   | 4 |

# PUZZLE 289

|   | 2 |   |   |   |   | 6 |   |   |
|---|---|---|---|---|---|---|---|---|
| 4 |   | 9 |   |   | 7 |   |   |   |
| 3 | 7 |   |   |   |   |   | 9 | 1 |
| 9 | 4 |   |   |   | 1 |   |   |   |
| 6 |   |   |   | 9 |   |   |   | 5 |
|   |   |   | 8 |   |   |   | 6 | 9 |
| 5 | 3 |   |   |   |   |   | 8 | 4 |
|   |   |   | 5 |   |   | 1 |   | 6 |
|   |   | 4 |   |   |   |   | 2 |   |

# PUZZLE 290

|   |   |   |   | 8 |   |   |   |   |
|---|---|---|---|---|---|---|---|---|
|   |   | 5 | 4 | 3 |   |   | 7 | 6 |
|   |   | 7 |   |   |   |   |   | 1 |
|   | 1 |   | 7 |   | 6 |   | 3 |   |
|   |   |   |   | 9 |   |   |   |   |
|   | 3 |   | 8 |   | 4 |   | 2 |   |
| 2 |   |   |   |   |   | 5 |   |   |
| 1 | 8 |   |   | 6 | 5 | 9 |   |   |
|   |   |   |   | 7 |   |   |   |   |

# PUZZLE 291

| | 1 | | | | 2 | | 3 | |
|---|---|---|---|---|---|---|---|---|
| 4 | | 3 | | | | | | |
| | | | | 9 | | 5 | | 1 |
| 1 | | | | 7 | | | | |
| 6 | 5 | | | | | | 8 | 7 |
| | | | | 2 | | | | 4 |
| 9 | | 6 | | 1 | | | | |
| | | | | | | 3 | | 5 |
| | 7 | | 8 | | | | 4 | |

# PUZZLE 292

| | | | | | | | | |
|---|---|---|---|---|---|---|---|---|
| | | | | | 9 | | | 5 |
| | | | 5 | | | | 3 | 6 |
| | | 5 | 7 | | | | 4 | 8 |
| | | | | 4 | | 5 | 7 | |
| 8 | | | | | | | | 1 |
| | 5 | 3 | | 1 | | | | |
| 5 | 1 | | | | 6 | 3 | | |
| 2 | 7 | | | | 5 | | | |
| 9 | | | 4 | | | | | |

# PUZZLE 293

| | | | | | | | | |
|---|---|---|---|---|---|---|---|---|
| 7 | | 5 | 1 | 9 | | | | |
| 8 | 9 | | | | | | | |
| 3 | | 1 | | | 4 | | | |
| 6 | | | 7 | | | | 1 | |
| 9 | | | | 5 | | | | 4 |
| | 8 | | | | 9 | | | 7 |
| | | | 9 | | | 4 | | 5 |
| | | | | | | | 2 | 8 |
| | | | | 7 | 6 | 1 | | 3 |

# PUZZLE 294

| | | | | | | | | |
|---|---|---|---|---|---|---|---|---|
| | | | 2 | | | | 6 | |
| | | | | 9 | | | | 5 |
| | | 6 | 4 | 5 | | | | 3 |
| 6 | | 5 | | | | | 2 | 7 |
| | 3 | | | | | | 4 | |
| 1 | 7 | | | | | 5 | | 9 |
| 8 | | | | 2 | 9 | 1 | | |
| 9 | | | | 1 | | | | |
| | 4 | | | | 7 | | | |

# PUZZLE 295

| | 7 | | | | 8 | 9 | | |
|---|---|---|---|---|---|---|---|---|
| 1 | | | 4 | | | | | 5 |
| | | | | 3 | | 4 | | |
| | 8 | | | | | | 1 | 2 |
| | 6 | | 8 | | 4 | | | |
| 2 | 5 | | | | | 3 | | |
| | 9 | | 2 | | | | | |
| 5 | | | | | 1 | | | 9 |
| | | 7 | 5 | | | | 6 | |

# PUZZLE 296

| | | | | | | | | |
|---|---|---|---|---|---|---|---|---|
| | 7 | 4 | | | 2 | | | |
| | | | | | | | 6 | |
| 6 | | | 5 | | 3 | 7 | | |
| 3 | 4 | 7 | | | | 2 | | |
| | 1 | | | | | | 5 | |
| | | 2 | | | | 3 | 9 | 1 |
| | | 3 | 7 | | 9 | | | 5 |
| | 9 | | | | | | | |
| | | | 8 | | | 9 | 3 | |

# PUZZLE 297

| 6 |   |   | 2 |   |   |   | 4 |   |
|---|---|---|---|---|---|---|---|---|
|   |   | 8 |   | 5 |   |   |   |   |
|   | 4 |   |   |   | 6 |   |   |   |
| 4 |   | 5 |   | 1 |   | 3 | 7 |   |
|   | 2 |   |   |   |   |   | 9 |   |
|   | 6 | 1 |   | 8 |   | 5 |   | 4 |
|   |   |   | 7 |   |   |   | 6 |   |
|   |   |   |   | 3 |   | 4 |   |   |
|   | 5 |   |   |   | 9 |   |   | 2 |

# PUZZLE 298

|   |   |   | 3 |   |   |   | 2 | 5 |
|---|---|---|---|---|---|---|---|---|
|   |   |   |   |   |   |   |   | 9 |
|   | 8 | 7 |   | 5 |   | 6 |   |   |
|   |   |   | 9 |   | 1 |   |   | 7 |
|   |   | 9 | 2 |   | 3 | 4 |   |   |
| 4 |   |   | 5 |   | 8 |   |   |   |
|   |   | 6 |   | 3 |   | 9 | 4 |   |
| 9 |   |   |   |   |   |   |   |   |
| 3 | 2 |   |   |   | 5 |   |   |   |

# PUZZLE 299

| | | | | | | | | |
|---|---|---|---|---|---|---|---|---|
| 9 | 5 | | | 2 | | | | |
| | | 7 | | | | | | 6 |
| | | 2 | | | 7 | | | |
| | | 4 | | | | | 8 | 3 |
| | | 9 | | 7 | | 1 | | |
| 3 | 8 | | | | | 2 | | |
| | | | 6 | | | 5 | | |
| 8 | | | | | | 4 | | |
| | | | | 4 | | | 9 | 2 |

# PUZZLE 300

|   |   |   |   |   | 9 | 3 |   |   |
|---|---|---|---|---|---|---|---|---|
|   |   |   |   | 1 |   |   | 8 | 7 |
| 4 |   | 9 |   |   |   |   |   |   |
| 3 |   | 5 |   |   | 4 | 2 |   | 8 |
|   |   |   | 6 |   |   |   |   |   |
| 2 |   | 1 | 3 |   |   | 4 |   | 6 |
|   |   |   |   |   |   | 7 |   | 1 |
| 9 | 8 |   |   | 5 |   |   |   |   |
|   |   | 6 | 7 |   |   |   |   |   |

# SOLUTIONS

**1**

| 3 | 4 | 6 | 7 | 1 | 5 | 2 | 9 | 8 |
|---|---|---|---|---|---|---|---|---|
| 7 | 1 | 5 | 2 | 8 | 9 | 3 | 4 | 6 |
| 8 | 2 | 9 | 3 | 6 | 4 | 7 | 1 | 5 |
| 2 | 3 | 4 | 5 | 9 | 7 | 6 | 8 | 1 |
| 9 | 5 | 8 | 6 | 3 | 1 | 4 | 7 | 2 |
| 1 | 6 | 7 | 4 | 2 | 8 | 9 | 5 | 3 |
| 4 | 8 | 3 | 9 | 5 | 2 | 1 | 6 | 7 |
| 6 | 9 | 1 | 8 | 7 | 3 | 5 | 2 | 4 |
| 5 | 7 | 2 | 1 | 4 | 6 | 8 | 3 | 9 |

**2**

| 5 | 4 | 9 | 2 | 1 | 8 | 7 | 3 | 6 |
|---|---|---|---|---|---|---|---|---|
| 8 | 7 | 1 | 3 | 6 | 4 | 9 | 5 | 2 |
| 3 | 2 | 6 | 5 | 7 | 9 | 8 | 1 | 4 |
| 7 | 6 | 4 | 1 | 3 | 2 | 5 | 8 | 9 |
| 1 | 9 | 5 | 6 | 8 | 7 | 4 | 2 | 3 |
| 2 | 8 | 3 | 4 | 9 | 5 | 1 | 6 | 7 |
| 9 | 1 | 8 | 7 | 2 | 6 | 3 | 4 | 5 |
| 4 | 3 | 2 | 9 | 5 | 1 | 6 | 7 | 8 |
| 6 | 5 | 7 | 8 | 4 | 3 | 2 | 9 | 1 |

**3**

| 1 | 9 | 8 | 3 | 6 | 7 | 2 | 5 | 4 |
|---|---|---|---|---|---|---|---|---|
| 3 | 5 | 4 | 9 | 1 | 2 | 7 | 6 | 8 |
| 6 | 2 | 7 | 5 | 4 | 8 | 3 | 1 | 9 |
| 7 | 8 | 1 | 4 | 5 | 9 | 6 | 3 | 2 |
| 9 | 6 | 5 | 2 | 7 | 3 | 4 | 8 | 1 |
| 2 | 4 | 3 | 1 | 8 | 6 | 9 | 7 | 5 |
| 4 | 3 | 6 | 8 | 9 | 1 | 5 | 2 | 7 |
| 8 | 7 | 9 | 6 | 2 | 5 | 1 | 4 | 3 |
| 5 | 1 | 2 | 7 | 3 | 4 | 8 | 9 | 6 |

**4**

| 8 | 6 | 1 | 2 | 4 | 9 | 5 | 7 | 3 |
|---|---|---|---|---|---|---|---|---|
| 2 | 7 | 9 | 5 | 8 | 3 | 1 | 6 | 4 |
| 3 | 4 | 5 | 7 | 1 | 6 | 8 | 2 | 9 |
| 5 | 9 | 2 | 3 | 6 | 7 | 4 | 1 | 8 |
| 4 | 8 | 7 | 1 | 5 | 2 | 3 | 9 | 6 |
| 6 | 1 | 3 | 4 | 9 | 8 | 2 | 5 | 7 |
| 7 | 3 | 8 | 9 | 2 | 1 | 6 | 4 | 5 |
| 1 | 5 | 6 | 8 | 7 | 4 | 9 | 3 | 2 |
| 9 | 2 | 4 | 6 | 3 | 5 | 7 | 8 | 1 |

**5**

| 1 | 3 | 5 | 2 | 8 | 4 | 7 | 6 | 9 |
|---|---|---|---|---|---|---|---|---|
| 2 | 6 | 7 | 5 | 1 | 9 | 8 | 3 | 4 |
| 4 | 9 | 8 | 3 | 7 | 6 | 1 | 5 | 2 |
| 6 | 8 | 2 | 7 | 9 | 3 | 4 | 1 | 5 |
| 5 | 7 | 1 | 6 | 4 | 8 | 2 | 9 | 3 |
| 3 | 4 | 9 | 1 | 5 | 2 | 6 | 8 | 7 |
| 7 | 1 | 6 | 4 | 3 | 5 | 9 | 2 | 8 |
| 9 | 5 | 4 | 8 | 2 | 1 | 3 | 7 | 6 |
| 8 | 2 | 3 | 9 | 6 | 7 | 5 | 4 | 1 |

**6**

| 8 | 9 | 3 | 7 | 1 | 2 | 6 | 5 | 4 |
|---|---|---|---|---|---|---|---|---|
| 4 | 5 | 2 | 9 | 6 | 3 | 7 | 1 | 8 |
| 7 | 6 | 1 | 8 | 4 | 5 | 2 | 9 | 3 |
| 6 | 7 | 9 | 4 | 3 | 1 | 5 | 8 | 2 |
| 2 | 1 | 8 | 5 | 9 | 7 | 4 | 3 | 6 |
| 5 | 3 | 4 | 2 | 8 | 6 | 9 | 7 | 1 |
| 9 | 8 | 7 | 1 | 2 | 4 | 3 | 6 | 5 |
| 3 | 4 | 5 | 6 | 7 | 8 | 1 | 2 | 9 |
| 1 | 2 | 6 | 3 | 5 | 9 | 8 | 4 | 7 |

**7**

| 4 | 7 | 6 | 1 | 3 | 2 | 9 | 5 | 8 |
|---|---|---|---|---|---|---|---|---|
| 1 | 5 | 9 | 4 | 7 | 8 | 6 | 3 | 2 |
| 8 | 2 | 3 | 9 | 6 | 5 | 7 | 4 | 1 |
| 9 | 1 | 2 | 3 | 4 | 7 | 5 | 8 | 6 |
| 3 | 4 | 7 | 8 | 5 | 6 | 2 | 1 | 9 |
| 5 | 6 | 8 | 2 | 9 | 1 | 4 | 7 | 3 |
| 2 | 3 | 4 | 5 | 1 | 9 | 8 | 6 | 7 |
| 7 | 9 | 1 | 6 | 8 | 4 | 3 | 2 | 5 |
| 6 | 8 | 5 | 7 | 2 | 3 | 1 | 9 | 4 |

**8**

| 6 | 5 | 1 | 4 | 9 | 2 | 7 | 8 | 3 |
|---|---|---|---|---|---|---|---|---|
| 8 | 3 | 7 | 5 | 6 | 1 | 9 | 2 | 4 |
| 4 | 2 | 9 | 7 | 3 | 8 | 6 | 1 | 5 |
| 5 | 6 | 2 | 1 | 7 | 9 | 4 | 3 | 8 |
| 1 | 9 | 8 | 3 | 4 | 6 | 2 | 5 | 7 |
| 7 | 4 | 3 | 2 | 8 | 5 | 1 | 6 | 9 |
| 3 | 1 | 4 | 8 | 2 | 7 | 5 | 9 | 6 |
| 9 | 8 | 5 | 6 | 1 | 4 | 3 | 7 | 2 |
| 2 | 7 | 6 | 9 | 5 | 3 | 8 | 4 | 1 |

## 9

| 7 | 1 | 9 | 8 | 5 | 4 | 6 | 3 | 2 |
| 2 | 8 | 3 | 6 | 1 | 7 | 5 | 9 | 4 |
| 6 | 4 | 5 | 9 | 3 | 2 | 8 | 7 | 1 |
| 3 | 9 | 8 | 1 | 7 | 6 | 2 | 4 | 5 |
| 4 | 2 | 1 | 3 | 8 | 5 | 9 | 6 | 7 |
| 5 | 7 | 6 | 2 | 4 | 9 | 1 | 8 | 3 |
| 9 | 5 | 2 | 4 | 6 | 3 | 7 | 1 | 8 |
| 8 | 3 | 7 | 5 | 9 | 1 | 4 | 2 | 6 |
| 1 | 6 | 4 | 7 | 2 | 8 | 3 | 5 | 9 |

## 10

| 2 | 9 | 7 | 5 | 8 | 4 | 3 | 1 | 6 |
| 5 | 8 | 4 | 6 | 3 | 1 | 7 | 2 | 9 |
| 6 | 3 | 1 | 7 | 2 | 9 | 5 | 4 | 8 |
| 7 | 2 | 3 | 1 | 9 | 5 | 6 | 8 | 4 |
| 8 | 4 | 6 | 3 | 7 | 2 | 9 | 5 | 1 |
| 1 | 5 | 9 | 8 | 4 | 6 | 2 | 7 | 3 |
| 3 | 6 | 8 | 2 | 1 | 7 | 4 | 9 | 5 |
| 4 | 1 | 2 | 9 | 5 | 3 | 8 | 6 | 7 |
| 9 | 7 | 5 | 4 | 6 | 8 | 1 | 3 | 2 |

## 11

| 3 | 1 | 5 | 7 | 6 | 2 | 4 | 9 | 8 |
| 4 | 7 | 2 | 8 | 5 | 9 | 3 | 1 | 6 |
| 8 | 9 | 6 | 4 | 3 | 1 | 2 | 5 | 7 |
| 1 | 3 | 9 | 2 | 8 | 7 | 5 | 6 | 4 |
| 7 | 2 | 4 | 6 | 1 | 5 | 9 | 8 | 3 |
| 5 | 6 | 8 | 3 | 9 | 4 | 1 | 7 | 2 |
| 6 | 4 | 1 | 5 | 2 | 8 | 7 | 3 | 9 |
| 2 | 5 | 3 | 9 | 7 | 6 | 8 | 4 | 1 |
| 9 | 8 | 7 | 1 | 4 | 3 | 6 | 2 | 5 |

## 12

| 3 | 7 | 1 | 8 | 2 | 9 | 4 | 5 | 6 |
| 4 | 6 | 8 | 1 | 3 | 5 | 2 | 9 | 7 |
| 9 | 2 | 5 | 6 | 7 | 4 | 3 | 1 | 8 |
| 7 | 9 | 4 | 2 | 6 | 3 | 1 | 8 | 5 |
| 8 | 5 | 6 | 4 | 9 | 1 | 7 | 2 | 3 |
| 1 | 3 | 2 | 7 | 5 | 8 | 6 | 4 | 9 |
| 2 | 8 | 3 | 9 | 1 | 7 | 5 | 6 | 4 |
| 5 | 1 | 9 | 3 | 4 | 6 | 8 | 7 | 2 |
| 6 | 4 | 7 | 5 | 8 | 2 | 9 | 3 | 1 |

## 13

| 7 | 9 | 3 | 2 | 5 | 8 | 6 | 4 | 1 |
| 1 | 2 | 6 | 9 | 7 | 4 | 5 | 8 | 3 |
| 8 | 4 | 5 | 6 | 3 | 1 | 9 | 2 | 7 |
| 6 | 3 | 2 | 8 | 4 | 5 | 7 | 1 | 9 |
| 9 | 5 | 1 | 3 | 2 | 7 | 4 | 6 | 8 |
| 4 | 7 | 8 | 1 | 6 | 9 | 2 | 3 | 5 |
| 5 | 6 | 4 | 7 | 1 | 3 | 8 | 9 | 2 |
| 2 | 1 | 9 | 5 | 8 | 6 | 3 | 7 | 4 |
| 3 | 8 | 7 | 4 | 9 | 2 | 1 | 5 | 6 |

## 14

| 3 | 9 | 2 | 4 | 7 | 6 | 5 | 8 | 1 |
| 7 | 4 | 1 | 8 | 5 | 3 | 2 | 6 | 9 |
| 8 | 5 | 6 | 2 | 9 | 1 | 7 | 3 | 4 |
| 4 | 6 | 9 | 7 | 1 | 5 | 8 | 2 | 3 |
| 1 | 7 | 5 | 3 | 2 | 8 | 9 | 4 | 6 |
| 2 | 3 | 8 | 6 | 4 | 9 | 1 | 7 | 5 |
| 5 | 2 | 4 | 1 | 3 | 7 | 6 | 9 | 8 |
| 9 | 8 | 3 | 5 | 6 | 2 | 4 | 1 | 7 |
| 6 | 1 | 7 | 9 | 8 | 4 | 3 | 5 | 2 |

## 15

| 4 | 7 | 9 | 2 | 6 | 3 | 5 | 1 | 8 |
| 1 | 3 | 8 | 5 | 7 | 4 | 6 | 2 | 9 |
| 2 | 5 | 6 | 8 | 9 | 1 | 4 | 3 | 7 |
| 3 | 9 | 7 | 4 | 5 | 8 | 1 | 6 | 2 |
| 6 | 4 | 1 | 3 | 2 | 7 | 9 | 8 | 5 |
| 5 | 8 | 2 | 6 | 1 | 9 | 7 | 4 | 3 |
| 7 | 1 | 4 | 9 | 3 | 2 | 8 | 5 | 6 |
| 9 | 2 | 5 | 1 | 8 | 6 | 3 | 7 | 4 |
| 8 | 6 | 3 | 7 | 4 | 5 | 2 | 9 | 1 |

## 16

| 5 | 7 | 9 | 1 | 3 | 8 | 6 | 2 | 4 |
| 1 | 2 | 8 | 6 | 4 | 7 | 5 | 9 | 3 |
| 4 | 3 | 6 | 5 | 2 | 9 | 1 | 7 | 8 |
| 7 | 9 | 1 | 4 | 6 | 2 | 3 | 8 | 5 |
| 2 | 6 | 5 | 9 | 8 | 3 | 4 | 1 | 7 |
| 3 | 8 | 4 | 7 | 1 | 5 | 9 | 6 | 2 |
| 8 | 5 | 2 | 3 | 9 | 6 | 7 | 4 | 1 |
| 9 | 4 | 3 | 2 | 7 | 1 | 8 | 5 | 6 |
| 6 | 1 | 7 | 8 | 5 | 4 | 2 | 3 | 9 |

## 17

| 7 | 3 | 5 | 9 | 2 | 1 | 6 | 4 | 8 |
|---|---|---|---|---|---|---|---|---|
| 6 | 4 | 2 | 8 | 3 | 7 | 9 | 1 | 5 |
| 1 | 9 | 8 | 6 | 4 | 5 | 2 | 7 | 3 |
| 9 | 6 | 1 | 2 | 5 | 3 | 7 | 8 | 4 |
| 2 | 7 | 4 | 1 | 8 | 9 | 5 | 3 | 6 |
| 5 | 8 | 3 | 7 | 6 | 4 | 1 | 9 | 2 |
| 3 | 1 | 6 | 5 | 9 | 8 | 4 | 2 | 7 |
| 8 | 5 | 9 | 4 | 7 | 2 | 3 | 6 | 1 |
| 4 | 2 | 7 | 3 | 1 | 6 | 8 | 5 | 9 |

## 18

| 5 | 9 | 7 | 8 | 4 | 3 | 1 | 6 | 2 |
|---|---|---|---|---|---|---|---|---|
| 2 | 3 | 6 | 9 | 1 | 5 | 4 | 8 | 7 |
| 1 | 4 | 8 | 2 | 6 | 7 | 3 | 9 | 5 |
| 7 | 6 | 9 | 3 | 2 | 4 | 5 | 1 | 8 |
| 8 | 5 | 3 | 7 | 9 | 1 | 2 | 4 | 6 |
| 4 | 1 | 2 | 5 | 8 | 6 | 7 | 3 | 9 |
| 3 | 8 | 1 | 6 | 7 | 2 | 9 | 5 | 4 |
| 6 | 2 | 5 | 4 | 3 | 9 | 8 | 7 | 1 |
| 9 | 7 | 4 | 1 | 5 | 8 | 6 | 2 | 3 |

## 19

| 3 | 7 | 2 | 1 | 4 | 6 | 5 | 8 | 9 |
|---|---|---|---|---|---|---|---|---|
| 4 | 6 | 5 | 7 | 9 | 8 | 1 | 2 | 3 |
| 9 | 1 | 8 | 5 | 3 | 2 | 7 | 4 | 6 |
| 7 | 4 | 3 | 8 | 6 | 9 | 2 | 1 | 5 |
| 8 | 5 | 1 | 3 | 2 | 7 | 6 | 9 | 4 |
| 6 | 2 | 9 | 4 | 1 | 5 | 8 | 3 | 7 |
| 5 | 9 | 6 | 2 | 8 | 4 | 3 | 7 | 1 |
| 1 | 8 | 7 | 9 | 5 | 3 | 4 | 6 | 2 |
| 2 | 3 | 4 | 6 | 7 | 1 | 9 | 5 | 8 |

## 20

| 5 | 4 | 7 | 9 | 6 | 1 | 3 | 2 | 8 |
|---|---|---|---|---|---|---|---|---|
| 1 | 2 | 6 | 4 | 8 | 3 | 9 | 7 | 5 |
| 9 | 3 | 8 | 2 | 7 | 5 | 6 | 4 | 1 |
| 2 | 1 | 3 | 6 | 9 | 7 | 8 | 5 | 4 |
| 6 | 8 | 5 | 1 | 4 | 2 | 7 | 9 | 3 |
| 7 | 9 | 4 | 5 | 3 | 8 | 2 | 1 | 6 |
| 8 | 7 | 1 | 3 | 2 | 4 | 5 | 6 | 9 |
| 3 | 5 | 9 | 7 | 1 | 6 | 4 | 8 | 2 |
| 4 | 6 | 2 | 8 | 5 | 9 | 1 | 3 | 7 |

## 21

| 6 | 5 | 2 | 1 | 9 | 7 | 3 | 4 | 8 |
|---|---|---|---|---|---|---|---|---|
| 8 | 9 | 4 | 5 | 3 | 2 | 1 | 6 | 7 |
| 7 | 1 | 3 | 8 | 4 | 6 | 9 | 5 | 2 |
| 4 | 2 | 9 | 3 | 1 | 5 | 8 | 7 | 6 |
| 3 | 8 | 6 | 4 | 7 | 9 | 2 | 1 | 5 |
| 1 | 7 | 5 | 2 | 6 | 8 | 4 | 9 | 3 |
| 9 | 3 | 7 | 6 | 8 | 1 | 5 | 2 | 4 |
| 2 | 4 | 1 | 7 | 5 | 3 | 6 | 8 | 9 |
| 5 | 6 | 8 | 9 | 2 | 4 | 7 | 3 | 1 |

## 22

| 6 | 5 | 2 | 4 | 7 | 1 | 8 | 3 | 9 |
|---|---|---|---|---|---|---|---|---|
| 3 | 7 | 8 | 5 | 6 | 9 | 1 | 2 | 4 |
| 1 | 9 | 4 | 2 | 8 | 3 | 7 | 6 | 5 |
| 5 | 6 | 1 | 9 | 3 | 2 | 4 | 7 | 8 |
| 9 | 4 | 3 | 7 | 5 | 8 | 6 | 1 | 2 |
| 2 | 8 | 7 | 6 | 1 | 4 | 9 | 5 | 3 |
| 7 | 2 | 6 | 8 | 4 | 5 | 3 | 9 | 1 |
| 8 | 3 | 9 | 1 | 2 | 7 | 5 | 4 | 6 |
| 4 | 1 | 5 | 3 | 9 | 6 | 2 | 8 | 7 |

## 23

| 6 | 2 | 5 | 4 | 9 | 1 | 7 | 8 | 3 |
|---|---|---|---|---|---|---|---|---|
| 7 | 4 | 1 | 3 | 8 | 5 | 9 | 6 | 2 |
| 8 | 9 | 3 | 6 | 2 | 7 | 4 | 1 | 5 |
| 4 | 8 | 9 | 7 | 6 | 3 | 5 | 2 | 1 |
| 2 | 3 | 6 | 5 | 1 | 9 | 8 | 4 | 7 |
| 5 | 1 | 7 | 2 | 4 | 8 | 3 | 9 | 6 |
| 9 | 7 | 8 | 1 | 3 | 6 | 2 | 5 | 4 |
| 1 | 5 | 2 | 8 | 7 | 4 | 6 | 3 | 9 |
| 3 | 6 | 4 | 9 | 5 | 2 | 1 | 7 | 8 |

## 24

| 6 | 1 | 5 | 8 | 3 | 9 | 7 | 2 | 4 |
|---|---|---|---|---|---|---|---|---|
| 8 | 4 | 7 | 1 | 5 | 2 | 9 | 3 | 6 |
| 9 | 2 | 3 | 6 | 4 | 7 | 5 | 1 | 8 |
| 7 | 6 | 4 | 2 | 1 | 5 | 3 | 8 | 9 |
| 5 | 3 | 9 | 4 | 8 | 6 | 1 | 7 | 2 |
| 1 | 8 | 2 | 7 | 9 | 3 | 4 | 6 | 5 |
| 3 | 7 | 8 | 9 | 6 | 4 | 2 | 5 | 1 |
| 2 | 9 | 1 | 5 | 7 | 8 | 6 | 4 | 3 |
| 4 | 5 | 6 | 3 | 2 | 1 | 8 | 9 | 7 |

**25**

| 3 | 5 | 9 | 6 | 7 | 4 | 1 | 8 | 2 |
| 1 | 8 | 6 | 5 | 2 | 9 | 7 | 4 | 3 |
| 2 | 7 | 4 | 3 | 8 | 1 | 6 | 5 | 9 |
| 7 | 4 | 3 | 9 | 1 | 8 | 5 | 2 | 6 |
| 9 | 2 | 8 | 7 | 5 | 6 | 4 | 3 | 1 |
| 5 | 6 | 1 | 2 | 4 | 3 | 8 | 9 | 7 |
| 4 | 1 | 7 | 8 | 3 | 2 | 9 | 6 | 5 |
| 8 | 9 | 2 | 1 | 6 | 5 | 3 | 7 | 4 |
| 6 | 3 | 5 | 4 | 9 | 7 | 2 | 1 | 8 |

**26**

| 2 | 8 | 3 | 4 | 7 | 5 | 1 | 9 | 6 |
| 4 | 7 | 6 | 9 | 8 | 1 | 3 | 5 | 2 |
| 1 | 9 | 5 | 3 | 2 | 6 | 7 | 8 | 4 |
| 5 | 4 | 8 | 1 | 9 | 7 | 6 | 2 | 3 |
| 6 | 3 | 2 | 5 | 4 | 8 | 9 | 1 | 7 |
| 9 | 1 | 7 | 6 | 3 | 2 | 8 | 4 | 5 |
| 8 | 5 | 4 | 7 | 1 | 3 | 2 | 6 | 9 |
| 3 | 2 | 9 | 8 | 6 | 4 | 5 | 7 | 1 |
| 7 | 6 | 1 | 2 | 5 | 9 | 4 | 3 | 8 |

**27**

| 9 | 8 | 3 | 2 | 5 | 4 | 7 | 6 | 1 |
| 6 | 5 | 4 | 1 | 7 | 8 | 3 | 2 | 9 |
| 1 | 7 | 2 | 6 | 3 | 9 | 5 | 4 | 8 |
| 5 | 4 | 1 | 8 | 2 | 6 | 9 | 7 | 3 |
| 7 | 9 | 8 | 4 | 1 | 3 | 6 | 5 | 2 |
| 2 | 3 | 6 | 5 | 9 | 7 | 8 | 1 | 4 |
| 4 | 6 | 5 | 3 | 8 | 1 | 2 | 9 | 7 |
| 3 | 1 | 9 | 7 | 6 | 2 | 4 | 8 | 5 |
| 8 | 2 | 7 | 9 | 4 | 5 | 1 | 3 | 6 |

**28**

| 7 | 1 | 2 | 6 | 4 | 8 | 5 | 3 | 9 |
| 9 | 4 | 6 | 3 | 7 | 5 | 2 | 1 | 8 |
| 5 | 8 | 3 | 1 | 2 | 9 | 4 | 6 | 7 |
| 2 | 7 | 9 | 5 | 8 | 1 | 6 | 4 | 3 |
| 4 | 3 | 1 | 9 | 6 | 2 | 8 | 7 | 5 |
| 6 | 5 | 8 | 4 | 3 | 7 | 9 | 2 | 1 |
| 8 | 2 | 5 | 7 | 1 | 6 | 3 | 9 | 4 |
| 1 | 9 | 4 | 2 | 5 | 3 | 7 | 8 | 6 |
| 3 | 6 | 7 | 8 | 9 | 4 | 1 | 5 | 2 |

**29**

| 6 | 7 | 8 | 9 | 3 | 4 | 1 | 5 | 2 |
| 5 | 2 | 1 | 8 | 6 | 7 | 9 | 3 | 4 |
| 4 | 3 | 9 | 1 | 5 | 2 | 8 | 7 | 6 |
| 2 | 4 | 3 | 5 | 7 | 1 | 6 | 9 | 8 |
| 9 | 5 | 7 | 6 | 2 | 8 | 3 | 4 | 1 |
| 8 | 1 | 6 | 3 | 4 | 9 | 5 | 2 | 7 |
| 3 | 8 | 4 | 2 | 9 | 6 | 7 | 1 | 5 |
| 7 | 6 | 5 | 4 | 1 | 3 | 2 | 8 | 9 |
| 1 | 9 | 2 | 7 | 8 | 5 | 4 | 6 | 3 |

**30**

| 7 | 5 | 8 | 1 | 9 | 4 | 6 | 3 | 2 |
| 3 | 1 | 9 | 6 | 2 | 5 | 8 | 4 | 7 |
| 6 | 4 | 2 | 8 | 7 | 3 | 9 | 1 | 5 |
| 8 | 7 | 1 | 2 | 4 | 6 | 3 | 5 | 9 |
| 4 | 2 | 5 | 9 | 3 | 1 | 7 | 6 | 8 |
| 9 | 3 | 6 | 5 | 8 | 7 | 1 | 2 | 4 |
| 5 | 9 | 4 | 3 | 1 | 8 | 2 | 7 | 6 |
| 2 | 6 | 3 | 7 | 5 | 9 | 4 | 8 | 1 |
| 1 | 8 | 7 | 4 | 6 | 2 | 5 | 9 | 3 |

**31**

| 8 | 5 | 1 | 3 | 6 | 2 | 9 | 7 | 4 |
| 9 | 4 | 3 | 7 | 5 | 8 | 2 | 6 | 1 |
| 2 | 7 | 6 | 4 | 9 | 1 | 3 | 8 | 5 |
| 7 | 2 | 9 | 5 | 1 | 3 | 6 | 4 | 8 |
| 6 | 3 | 5 | 9 | 8 | 4 | 7 | 1 | 2 |
| 1 | 8 | 4 | 6 | 2 | 7 | 5 | 9 | 3 |
| 5 | 9 | 2 | 1 | 4 | 6 | 8 | 3 | 7 |
| 4 | 6 | 7 | 8 | 3 | 5 | 1 | 2 | 9 |
| 3 | 1 | 8 | 2 | 7 | 9 | 4 | 5 | 6 |

**32**

| 6 | 7 | 4 | 9 | 2 | 3 | 8 | 1 | 5 |
| 2 | 9 | 3 | 1 | 8 | 5 | 6 | 7 | 4 |
| 1 | 5 | 8 | 4 | 6 | 7 | 9 | 3 | 2 |
| 4 | 1 | 5 | 3 | 7 | 9 | 2 | 8 | 6 |
| 9 | 6 | 7 | 8 | 1 | 2 | 5 | 4 | 3 |
| 3 | 8 | 2 | 6 | 5 | 4 | 7 | 9 | 1 |
| 8 | 2 | 1 | 7 | 3 | 6 | 4 | 5 | 9 |
| 7 | 4 | 6 | 5 | 9 | 1 | 3 | 2 | 8 |
| 5 | 3 | 9 | 2 | 4 | 8 | 1 | 6 | 7 |

## 33

| 3 | 4 | 6 | 7 | 1 | 9 | 8 | 2 | 5 |
|---|---|---|---|---|---|---|---|---|
| 2 | 9 | 5 | 8 | 6 | 3 | 7 | 4 | 1 |
| 1 | 7 | 8 | 4 | 2 | 5 | 9 | 3 | 6 |
| 9 | 1 | 3 | 5 | 8 | 2 | 6 | 7 | 4 |
| 8 | 5 | 7 | 3 | 4 | 6 | 1 | 9 | 2 |
| 4 | 6 | 2 | 1 | 9 | 7 | 5 | 8 | 3 |
| 5 | 2 | 1 | 9 | 3 | 8 | 4 | 6 | 7 |
| 6 | 8 | 4 | 2 | 7 | 1 | 3 | 5 | 9 |
| 7 | 3 | 9 | 6 | 5 | 4 | 2 | 1 | 8 |

## 34

| 9 | 2 | 8 | 6 | 1 | 5 | 4 | 3 | 7 |
|---|---|---|---|---|---|---|---|---|
| 6 | 5 | 4 | 3 | 8 | 7 | 1 | 2 | 9 |
| 1 | 3 | 7 | 2 | 9 | 4 | 8 | 6 | 5 |
| 5 | 4 | 2 | 1 | 6 | 3 | 9 | 7 | 8 |
| 7 | 1 | 9 | 8 | 4 | 2 | 3 | 5 | 6 |
| 3 | 8 | 6 | 5 | 7 | 9 | 2 | 1 | 4 |
| 8 | 7 | 3 | 4 | 2 | 6 | 5 | 9 | 1 |
| 2 | 9 | 1 | 7 | 5 | 8 | 6 | 4 | 3 |
| 4 | 6 | 5 | 9 | 3 | 1 | 7 | 8 | 2 |

## 35

| 5 | 7 | 2 | 8 | 3 | 1 | 6 | 4 | 9 |
|---|---|---|---|---|---|---|---|---|
| 6 | 1 | 8 | 7 | 4 | 9 | 2 | 3 | 5 |
| 9 | 4 | 3 | 6 | 2 | 5 | 7 | 1 | 8 |
| 7 | 3 | 9 | 2 | 6 | 8 | 1 | 5 | 4 |
| 8 | 2 | 5 | 4 | 1 | 3 | 9 | 6 | 7 |
| 4 | 6 | 1 | 5 | 9 | 7 | 8 | 2 | 3 |
| 1 | 8 | 4 | 9 | 5 | 2 | 3 | 7 | 6 |
| 2 | 5 | 7 | 3 | 8 | 6 | 4 | 9 | 1 |
| 3 | 9 | 6 | 1 | 7 | 4 | 5 | 8 | 2 |

## 36

| 3 | 2 | 7 | 6 | 8 | 5 | 9 | 1 | 4 |
|---|---|---|---|---|---|---|---|---|
| 4 | 1 | 6 | 7 | 2 | 9 | 3 | 5 | 8 |
| 5 | 9 | 8 | 1 | 4 | 3 | 6 | 2 | 7 |
| 1 | 6 | 3 | 2 | 7 | 4 | 5 | 8 | 9 |
| 8 | 4 | 9 | 5 | 6 | 1 | 2 | 7 | 3 |
| 7 | 5 | 2 | 3 | 9 | 8 | 4 | 6 | 1 |
| 9 | 7 | 4 | 8 | 5 | 2 | 1 | 3 | 6 |
| 6 | 3 | 5 | 9 | 1 | 7 | 8 | 4 | 2 |
| 2 | 8 | 1 | 4 | 3 | 6 | 7 | 9 | 5 |

## 37

| 1 | 5 | 7 | 2 | 3 | 9 | 8 | 6 | 4 |
|---|---|---|---|---|---|---|---|---|
| 2 | 6 | 3 | 1 | 8 | 4 | 5 | 9 | 7 |
| 4 | 8 | 9 | 5 | 7 | 6 | 1 | 2 | 3 |
| 6 | 7 | 2 | 9 | 1 | 5 | 3 | 4 | 8 |
| 3 | 9 | 5 | 8 | 4 | 7 | 6 | 1 | 2 |
| 8 | 1 | 4 | 6 | 2 | 3 | 7 | 5 | 9 |
| 7 | 3 | 6 | 4 | 5 | 2 | 9 | 8 | 1 |
| 9 | 2 | 1 | 3 | 6 | 8 | 4 | 7 | 5 |
| 5 | 4 | 8 | 7 | 9 | 1 | 2 | 3 | 6 |

## 38

| 6 | 1 | 7 | 4 | 5 | 2 | 8 | 9 | 3 |
|---|---|---|---|---|---|---|---|---|
| 8 | 9 | 4 | 7 | 3 | 1 | 6 | 2 | 5 |
| 5 | 3 | 2 | 9 | 8 | 6 | 7 | 1 | 4 |
| 2 | 8 | 5 | 1 | 6 | 3 | 4 | 7 | 9 |
| 4 | 6 | 1 | 2 | 9 | 7 | 5 | 3 | 8 |
| 9 | 7 | 3 | 8 | 4 | 5 | 1 | 6 | 2 |
| 7 | 4 | 9 | 6 | 2 | 8 | 3 | 5 | 1 |
| 3 | 2 | 6 | 5 | 1 | 4 | 9 | 8 | 7 |
| 1 | 5 | 8 | 3 | 7 | 9 | 2 | 4 | 6 |

## 39

| 9 | 1 | 2 | 8 | 5 | 3 | 7 | 4 | 6 |
|---|---|---|---|---|---|---|---|---|
| 6 | 8 | 5 | 4 | 9 | 7 | 3 | 2 | 1 |
| 4 | 7 | 3 | 6 | 1 | 2 | 8 | 9 | 5 |
| 7 | 9 | 8 | 2 | 3 | 6 | 1 | 5 | 4 |
| 2 | 4 | 1 | 5 | 7 | 8 | 6 | 3 | 9 |
| 5 | 3 | 6 | 1 | 4 | 9 | 2 | 7 | 8 |
| 3 | 6 | 7 | 9 | 8 | 5 | 4 | 1 | 2 |
| 1 | 2 | 9 | 7 | 6 | 4 | 5 | 8 | 3 |
| 8 | 5 | 4 | 3 | 2 | 1 | 9 | 6 | 7 |

## 40

| 4 | 6 | 1 | 9 | 2 | 8 | 7 | 5 | 3 |
|---|---|---|---|---|---|---|---|---|
| 2 | 7 | 9 | 5 | 6 | 3 | 8 | 4 | 1 |
| 8 | 5 | 3 | 7 | 4 | 1 | 2 | 6 | 9 |
| 7 | 8 | 4 | 3 | 5 | 6 | 1 | 9 | 2 |
| 1 | 9 | 5 | 2 | 8 | 7 | 6 | 3 | 4 |
| 3 | 2 | 6 | 1 | 9 | 4 | 5 | 7 | 8 |
| 9 | 3 | 2 | 6 | 1 | 5 | 4 | 8 | 7 |
| 5 | 1 | 8 | 4 | 7 | 9 | 3 | 2 | 6 |
| 6 | 4 | 7 | 8 | 3 | 2 | 9 | 1 | 5 |

## 41

| 3 | 2 | 4 | 5 | 9 | 6 | 1 | 8 | 7 |
|---|---|---|---|---|---|---|---|---|
| 7 | 6 | 5 | 1 | 8 | 2 | 4 | 9 | 3 |
| 8 | 9 | 1 | 7 | 4 | 3 | 5 | 6 | 2 |
| 4 | 7 | 2 | 8 | 3 | 5 | 9 | 1 | 6 |
| 5 | 3 | 9 | 6 | 1 | 7 | 2 | 4 | 8 |
| 6 | 1 | 8 | 4 | 2 | 9 | 3 | 7 | 5 |
| 1 | 4 | 6 | 3 | 5 | 8 | 7 | 2 | 9 |
| 9 | 8 | 3 | 2 | 7 | 4 | 6 | 5 | 1 |
| 2 | 5 | 7 | 9 | 6 | 1 | 8 | 3 | 4 |

## 42

| 8 | 2 | 3 | 4 | 5 | 6 | 9 | 1 | 7 |
|---|---|---|---|---|---|---|---|---|
| 1 | 9 | 7 | 3 | 2 | 8 | 5 | 6 | 4 |
| 4 | 6 | 5 | 7 | 1 | 9 | 3 | 2 | 8 |
| 6 | 4 | 2 | 5 | 9 | 3 | 7 | 8 | 1 |
| 5 | 7 | 8 | 2 | 4 | 1 | 6 | 3 | 9 |
| 3 | 1 | 9 | 6 | 8 | 7 | 2 | 4 | 5 |
| 9 | 5 | 6 | 1 | 3 | 4 | 8 | 7 | 2 |
| 2 | 3 | 1 | 8 | 7 | 5 | 4 | 9 | 6 |
| 7 | 8 | 4 | 9 | 6 | 2 | 1 | 5 | 3 |

## 43

| 2 | 3 | 6 | 5 | 1 | 8 | 9 | 4 | 7 |
|---|---|---|---|---|---|---|---|---|
| 4 | 8 | 7 | 9 | 6 | 2 | 1 | 3 | 5 |
| 5 | 1 | 9 | 7 | 3 | 4 | 2 | 8 | 6 |
| 3 | 9 | 8 | 6 | 2 | 5 | 4 | 7 | 1 |
| 7 | 4 | 2 | 8 | 9 | 1 | 5 | 6 | 3 |
| 1 | 6 | 5 | 4 | 7 | 3 | 8 | 9 | 2 |
| 9 | 2 | 1 | 3 | 8 | 6 | 7 | 5 | 4 |
| 6 | 7 | 4 | 2 | 5 | 9 | 3 | 1 | 8 |
| 8 | 5 | 3 | 1 | 4 | 7 | 6 | 2 | 9 |

## 44

| 1 | 7 | 3 | 8 | 6 | 2 | 5 | 4 | 9 |
|---|---|---|---|---|---|---|---|---|
| 9 | 6 | 5 | 7 | 3 | 4 | 2 | 8 | 1 |
| 4 | 8 | 2 | 5 | 1 | 9 | 3 | 6 | 7 |
| 6 | 5 | 4 | 2 | 9 | 1 | 8 | 7 | 3 |
| 7 | 2 | 9 | 3 | 4 | 8 | 1 | 5 | 6 |
| 8 | 3 | 1 | 6 | 5 | 7 | 4 | 9 | 2 |
| 5 | 1 | 8 | 9 | 7 | 3 | 6 | 2 | 4 |
| 2 | 4 | 7 | 1 | 8 | 6 | 9 | 3 | 5 |
| 3 | 9 | 6 | 4 | 2 | 5 | 7 | 1 | 8 |

## 45

| 3 | 7 | 6 | 5 | 2 | 4 | 1 | 9 | 8 |
|---|---|---|---|---|---|---|---|---|
| 9 | 2 | 1 | 7 | 8 | 6 | 4 | 3 | 5 |
| 5 | 4 | 8 | 1 | 9 | 3 | 6 | 2 | 7 |
| 2 | 8 | 3 | 4 | 5 | 7 | 9 | 6 | 1 |
| 4 | 9 | 7 | 2 | 6 | 1 | 8 | 5 | 3 |
| 1 | 6 | 5 | 9 | 3 | 8 | 2 | 7 | 4 |
| 7 | 3 | 2 | 8 | 4 | 9 | 5 | 1 | 6 |
| 8 | 1 | 9 | 6 | 7 | 5 | 3 | 4 | 2 |
| 6 | 5 | 4 | 3 | 1 | 2 | 7 | 8 | 9 |

## 46

| 9 | 2 | 5 | 7 | 3 | 8 | 6 | 1 | 4 |
|---|---|---|---|---|---|---|---|---|
| 4 | 8 | 7 | 1 | 5 | 6 | 3 | 9 | 2 |
| 1 | 3 | 6 | 4 | 9 | 2 | 8 | 5 | 7 |
| 3 | 5 | 1 | 8 | 4 | 7 | 9 | 2 | 6 |
| 8 | 7 | 4 | 2 | 6 | 9 | 1 | 3 | 5 |
| 2 | 6 | 9 | 5 | 1 | 3 | 4 | 7 | 8 |
| 6 | 1 | 2 | 9 | 8 | 5 | 7 | 4 | 3 |
| 5 | 9 | 3 | 6 | 7 | 4 | 2 | 8 | 1 |
| 7 | 4 | 8 | 3 | 2 | 1 | 5 | 6 | 9 |

## 47

| 1 | 3 | 8 | 9 | 5 | 7 | 4 | 6 | 2 |
|---|---|---|---|---|---|---|---|---|
| 7 | 5 | 9 | 6 | 4 | 2 | 3 | 1 | 8 |
| 4 | 6 | 2 | 8 | 1 | 3 | 9 | 5 | 7 |
| 8 | 1 | 7 | 2 | 9 | 5 | 6 | 4 | 3 |
| 6 | 2 | 5 | 4 | 3 | 8 | 1 | 7 | 9 |
| 9 | 4 | 3 | 7 | 6 | 1 | 8 | 2 | 5 |
| 3 | 9 | 4 | 5 | 7 | 6 | 2 | 8 | 1 |
| 5 | 8 | 1 | 3 | 2 | 4 | 7 | 9 | 6 |
| 2 | 7 | 6 | 1 | 8 | 9 | 5 | 3 | 4 |

## 48

| 7 | 4 | 3 | 8 | 5 | 2 | 9 | 1 | 6 |
|---|---|---|---|---|---|---|---|---|
| 9 | 1 | 8 | 6 | 3 | 4 | 7 | 5 | 2 |
| 2 | 6 | 5 | 7 | 1 | 9 | 3 | 8 | 4 |
| 8 | 7 | 1 | 3 | 4 | 6 | 5 | 2 | 9 |
| 3 | 2 | 9 | 1 | 7 | 5 | 4 | 6 | 8 |
| 4 | 5 | 6 | 9 | 2 | 8 | 1 | 3 | 7 |
| 1 | 9 | 7 | 2 | 6 | 3 | 8 | 4 | 5 |
| 5 | 3 | 2 | 4 | 8 | 7 | 6 | 9 | 1 |
| 6 | 8 | 4 | 5 | 9 | 1 | 2 | 7 | 3 |

### 49

| 4 | 7 | 9 | 1 | 5 | 3 | 6 | 8 | 2 |
|---|---|---|---|---|---|---|---|---|
| 3 | 8 | 1 | 6 | 4 | 2 | 7 | 9 | 5 |
| 5 | 6 | 2 | 8 | 7 | 9 | 4 | 3 | 1 |
| 9 | 1 | 5 | 7 | 8 | 4 | 2 | 6 | 3 |
| 7 | 4 | 3 | 2 | 1 | 6 | 8 | 5 | 9 |
| 8 | 2 | 6 | 3 | 9 | 5 | 1 | 4 | 7 |
| 6 | 3 | 7 | 9 | 2 | 8 | 5 | 1 | 4 |
| 1 | 9 | 4 | 5 | 6 | 7 | 3 | 2 | 8 |
| 2 | 5 | 8 | 4 | 3 | 1 | 9 | 7 | 6 |

### 50

| 5 | 7 | 2 | 8 | 3 | 4 | 6 | 1 | 9 |
|---|---|---|---|---|---|---|---|---|
| 6 | 1 | 4 | 9 | 5 | 7 | 8 | 2 | 3 |
| 9 | 8 | 3 | 1 | 6 | 2 | 5 | 4 | 7 |
| 4 | 9 | 7 | 3 | 1 | 5 | 2 | 6 | 8 |
| 1 | 5 | 8 | 2 | 7 | 6 | 3 | 9 | 4 |
| 2 | 3 | 6 | 4 | 8 | 9 | 7 | 5 | 1 |
| 8 | 6 | 5 | 7 | 9 | 1 | 4 | 3 | 2 |
| 3 | 4 | 1 | 6 | 2 | 8 | 9 | 7 | 5 |
| 7 | 2 | 9 | 5 | 4 | 3 | 1 | 8 | 6 |

### 51

| 9 | 2 | 5 | 4 | 3 | 6 | 7 | 8 | 1 |
|---|---|---|---|---|---|---|---|---|
| 1 | 7 | 6 | 8 | 2 | 5 | 3 | 9 | 4 |
| 8 | 3 | 4 | 1 | 7 | 9 | 5 | 2 | 6 |
| 5 | 9 | 7 | 2 | 6 | 4 | 8 | 1 | 3 |
| 4 | 8 | 2 | 3 | 5 | 1 | 6 | 7 | 9 |
| 6 | 1 | 3 | 7 | 9 | 8 | 2 | 4 | 5 |
| 3 | 6 | 1 | 9 | 8 | 7 | 4 | 5 | 2 |
| 2 | 4 | 8 | 5 | 1 | 3 | 9 | 6 | 7 |
| 7 | 5 | 9 | 6 | 4 | 2 | 1 | 3 | 8 |

### 52

| 7 | 2 | 9 | 5 | 1 | 3 | 4 | 6 | 8 |
|---|---|---|---|---|---|---|---|---|
| 4 | 8 | 6 | 2 | 9 | 7 | 5 | 3 | 1 |
| 5 | 3 | 1 | 6 | 8 | 4 | 9 | 2 | 7 |
| 3 | 9 | 5 | 8 | 2 | 6 | 7 | 1 | 4 |
| 2 | 1 | 7 | 9 | 4 | 5 | 3 | 8 | 6 |
| 8 | 6 | 4 | 7 | 3 | 1 | 2 | 9 | 5 |
| 1 | 7 | 3 | 4 | 6 | 9 | 8 | 5 | 2 |
| 6 | 4 | 8 | 3 | 5 | 2 | 1 | 7 | 9 |
| 9 | 5 | 2 | 1 | 7 | 8 | 6 | 4 | 3 |

### 53

| 7 | 6 | 5 | 4 | 1 | 9 | 2 | 3 | 8 |
|---|---|---|---|---|---|---|---|---|
| 3 | 1 | 9 | 2 | 8 | 6 | 4 | 7 | 5 |
| 2 | 8 | 4 | 3 | 5 | 7 | 6 | 9 | 1 |
| 6 | 4 | 2 | 1 | 7 | 3 | 5 | 8 | 9 |
| 8 | 9 | 7 | 5 | 2 | 4 | 3 | 1 | 6 |
| 5 | 3 | 1 | 9 | 6 | 8 | 7 | 4 | 2 |
| 4 | 5 | 3 | 6 | 9 | 1 | 8 | 2 | 7 |
| 9 | 2 | 8 | 7 | 3 | 5 | 1 | 6 | 4 |
| 1 | 7 | 6 | 8 | 4 | 2 | 9 | 5 | 3 |

### 54

| 7 | 2 | 1 | 5 | 6 | 3 | 8 | 4 | 9 |
|---|---|---|---|---|---|---|---|---|
| 5 | 4 | 9 | 2 | 8 | 1 | 3 | 6 | 7 |
| 8 | 6 | 3 | 9 | 7 | 4 | 2 | 5 | 1 |
| 2 | 7 | 6 | 3 | 5 | 9 | 4 | 1 | 8 |
| 9 | 3 | 8 | 1 | 4 | 6 | 5 | 7 | 2 |
| 1 | 5 | 4 | 8 | 2 | 7 | 9 | 3 | 6 |
| 3 | 9 | 2 | 7 | 1 | 5 | 6 | 8 | 4 |
| 4 | 8 | 7 | 6 | 3 | 2 | 1 | 9 | 5 |
| 6 | 1 | 5 | 4 | 9 | 8 | 7 | 2 | 3 |

### 55

| 4 | 1 | 2 | 3 | 9 | 6 | 8 | 5 | 7 |
|---|---|---|---|---|---|---|---|---|
| 3 | 6 | 5 | 7 | 8 | 1 | 2 | 9 | 4 |
| 8 | 9 | 7 | 5 | 4 | 2 | 3 | 1 | 6 |
| 2 | 4 | 6 | 1 | 7 | 9 | 5 | 3 | 8 |
| 1 | 7 | 8 | 6 | 3 | 5 | 4 | 2 | 9 |
| 9 | 5 | 3 | 8 | 2 | 4 | 6 | 7 | 1 |
| 7 | 3 | 1 | 2 | 6 | 8 | 9 | 4 | 5 |
| 6 | 2 | 4 | 9 | 5 | 7 | 1 | 8 | 3 |
| 5 | 8 | 9 | 4 | 1 | 3 | 7 | 6 | 2 |

### 56

| 5 | 4 | 3 | 2 | 7 | 1 | 8 | 6 | 9 |
|---|---|---|---|---|---|---|---|---|
| 7 | 1 | 9 | 8 | 4 | 6 | 2 | 5 | 3 |
| 6 | 2 | 8 | 3 | 9 | 5 | 4 | 7 | 1 |
| 4 | 9 | 1 | 5 | 6 | 7 | 3 | 8 | 2 |
| 3 | 5 | 7 | 9 | 8 | 2 | 1 | 4 | 6 |
| 2 | 8 | 6 | 4 | 1 | 3 | 5 | 9 | 7 |
| 1 | 7 | 4 | 6 | 3 | 8 | 9 | 2 | 5 |
| 8 | 6 | 2 | 1 | 5 | 9 | 7 | 3 | 4 |
| 9 | 3 | 5 | 7 | 2 | 4 | 6 | 1 | 8 |

**57**

| 8 | 6 | 4 | 1 | 9 | 2 | 7 | 3 | 5 |
| 1 | 3 | 5 | 8 | 4 | 7 | 6 | 2 | 9 |
| 2 | 9 | 7 | 5 | 3 | 6 | 4 | 8 | 1 |
| 5 | 1 | 9 | 3 | 7 | 8 | 2 | 4 | 6 |
| 3 | 4 | 6 | 2 | 1 | 9 | 5 | 7 | 8 |
| 7 | 8 | 2 | 4 | 6 | 5 | 9 | 1 | 3 |
| 4 | 7 | 3 | 6 | 5 | 1 | 8 | 9 | 2 |
| 9 | 5 | 8 | 7 | 2 | 3 | 1 | 6 | 4 |
| 6 | 2 | 1 | 9 | 8 | 4 | 3 | 5 | 7 |

**58**

| 3 | 4 | 5 | 8 | 6 | 9 | 1 | 2 | 7 |
| 6 | 7 | 1 | 4 | 2 | 3 | 9 | 5 | 8 |
| 2 | 8 | 9 | 7 | 5 | 1 | 3 | 4 | 6 |
| 7 | 3 | 6 | 9 | 8 | 5 | 4 | 1 | 2 |
| 8 | 1 | 4 | 2 | 3 | 6 | 7 | 9 | 5 |
| 5 | 9 | 2 | 1 | 7 | 4 | 8 | 6 | 3 |
| 9 | 2 | 3 | 6 | 1 | 7 | 5 | 8 | 4 |
| 4 | 5 | 8 | 3 | 9 | 2 | 6 | 7 | 1 |
| 1 | 6 | 7 | 5 | 4 | 8 | 2 | 3 | 9 |

**59**

| 6 | 5 | 9 | 1 | 2 | 4 | 7 | 8 | 3 |
| 1 | 7 | 2 | 6 | 3 | 8 | 9 | 4 | 5 |
| 3 | 4 | 8 | 9 | 5 | 7 | 1 | 2 | 6 |
| 8 | 2 | 5 | 3 | 7 | 9 | 6 | 1 | 4 |
| 7 | 6 | 1 | 8 | 4 | 5 | 2 | 3 | 9 |
| 9 | 3 | 4 | 2 | 6 | 1 | 8 | 5 | 7 |
| 4 | 9 | 3 | 7 | 1 | 2 | 5 | 6 | 8 |
| 2 | 8 | 6 | 5 | 9 | 3 | 4 | 7 | 1 |
| 5 | 1 | 7 | 4 | 8 | 6 | 3 | 9 | 2 |

**60**

| 1 | 6 | 2 | 5 | 7 | 9 | 3 | 8 | 4 |
| 8 | 9 | 7 | 4 | 3 | 1 | 5 | 2 | 6 |
| 5 | 4 | 3 | 2 | 6 | 8 | 9 | 7 | 1 |
| 2 | 7 | 6 | 9 | 4 | 5 | 1 | 3 | 8 |
| 9 | 1 | 8 | 6 | 2 | 3 | 4 | 5 | 7 |
| 3 | 5 | 4 | 8 | 1 | 7 | 2 | 6 | 9 |
| 7 | 2 | 1 | 3 | 8 | 4 | 6 | 9 | 5 |
| 6 | 8 | 5 | 1 | 9 | 2 | 7 | 4 | 3 |
| 4 | 3 | 9 | 7 | 5 | 6 | 8 | 1 | 2 |

**61**

| 5 | 9 | 8 | 6 | 1 | 7 | 3 | 2 | 4 |
| 3 | 7 | 1 | 2 | 9 | 4 | 6 | 5 | 8 |
| 2 | 6 | 4 | 5 | 8 | 3 | 7 | 1 | 9 |
| 7 | 2 | 9 | 4 | 5 | 8 | 1 | 6 | 3 |
| 1 | 8 | 3 | 9 | 2 | 6 | 4 | 7 | 5 |
| 4 | 5 | 6 | 7 | 3 | 1 | 8 | 9 | 2 |
| 8 | 3 | 2 | 1 | 6 | 9 | 5 | 4 | 7 |
| 6 | 4 | 5 | 3 | 7 | 2 | 9 | 8 | 1 |
| 9 | 1 | 7 | 8 | 4 | 5 | 2 | 3 | 6 |

**62**

| 9 | 5 | 7 | 8 | 6 | 2 | 4 | 1 | 3 |
| 6 | 2 | 3 | 1 | 5 | 4 | 9 | 8 | 7 |
| 1 | 4 | 8 | 7 | 3 | 9 | 6 | 5 | 2 |
| 8 | 7 | 9 | 2 | 1 | 5 | 3 | 6 | 4 |
| 4 | 3 | 2 | 6 | 9 | 8 | 1 | 7 | 5 |
| 5 | 6 | 1 | 3 | 4 | 7 | 2 | 9 | 8 |
| 2 | 1 | 5 | 9 | 8 | 3 | 7 | 4 | 6 |
| 7 | 9 | 4 | 5 | 2 | 6 | 8 | 3 | 1 |
| 3 | 8 | 6 | 4 | 7 | 1 | 5 | 2 | 9 |

**63**

| 3 | 8 | 6 | 7 | 1 | 9 | 4 | 5 | 2 |
| 4 | 9 | 7 | 5 | 8 | 2 | 1 | 6 | 3 |
| 1 | 2 | 5 | 3 | 6 | 4 | 7 | 8 | 9 |
| 2 | 4 | 9 | 8 | 3 | 7 | 5 | 1 | 6 |
| 6 | 7 | 3 | 1 | 9 | 5 | 2 | 4 | 8 |
| 5 | 1 | 8 | 2 | 4 | 6 | 9 | 3 | 7 |
| 7 | 3 | 1 | 9 | 5 | 8 | 6 | 2 | 4 |
| 8 | 6 | 2 | 4 | 7 | 1 | 3 | 9 | 5 |
| 9 | 5 | 4 | 6 | 2 | 3 | 8 | 7 | 1 |

**64**

| 6 | 5 | 7 | 2 | 4 | 1 | 3 | 8 | 9 |
| 8 | 3 | 1 | 6 | 7 | 9 | 4 | 5 | 2 |
| 9 | 4 | 2 | 8 | 3 | 5 | 7 | 1 | 6 |
| 7 | 9 | 3 | 4 | 6 | 8 | 5 | 2 | 1 |
| 2 | 8 | 4 | 5 | 1 | 3 | 6 | 9 | 7 |
| 5 | 1 | 6 | 7 | 9 | 2 | 8 | 3 | 4 |
| 3 | 6 | 8 | 9 | 2 | 7 | 1 | 4 | 5 |
| 4 | 2 | 5 | 1 | 8 | 6 | 9 | 7 | 3 |
| 1 | 7 | 9 | 3 | 5 | 4 | 2 | 6 | 8 |

## 65

| 8 | 1 | 6 | 7 | 4 | 9 | 2 | 3 | 5 |
|---|---|---|---|---|---|---|---|---|
| 2 | 4 | 3 | 1 | 6 | 5 | 8 | 9 | 7 |
| 7 | 5 | 9 | 2 | 3 | 8 | 1 | 6 | 4 |
| 5 | 6 | 4 | 3 | 9 | 1 | 7 | 8 | 2 |
| 1 | 8 | 2 | 6 | 5 | 7 | 9 | 4 | 3 |
| 3 | 9 | 7 | 8 | 2 | 4 | 5 | 1 | 6 |
| 9 | 7 | 5 | 4 | 1 | 6 | 3 | 2 | 8 |
| 4 | 2 | 8 | 9 | 7 | 3 | 6 | 5 | 1 |
| 6 | 3 | 1 | 5 | 8 | 2 | 4 | 7 | 9 |

## 66

| 8 | 9 | 2 | 7 | 6 | 5 | 3 | 4 | 1 |
|---|---|---|---|---|---|---|---|---|
| 5 | 4 | 7 | 3 | 1 | 2 | 6 | 9 | 8 |
| 6 | 3 | 1 | 4 | 8 | 9 | 5 | 7 | 2 |
| 4 | 7 | 3 | 6 | 2 | 8 | 1 | 5 | 9 |
| 2 | 1 | 5 | 9 | 3 | 4 | 7 | 8 | 6 |
| 9 | 6 | 8 | 1 | 5 | 7 | 4 | 2 | 3 |
| 3 | 8 | 9 | 5 | 4 | 6 | 2 | 1 | 7 |
| 7 | 5 | 6 | 2 | 9 | 1 | 8 | 3 | 4 |
| 1 | 2 | 4 | 8 | 7 | 3 | 9 | 6 | 5 |

## 67

| 2 | 5 | 1 | 3 | 6 | 9 | 4 | 8 | 7 |
|---|---|---|---|---|---|---|---|---|
| 3 | 6 | 7 | 8 | 4 | 5 | 1 | 2 | 9 |
| 4 | 9 | 8 | 2 | 7 | 1 | 3 | 6 | 5 |
| 8 | 1 | 5 | 7 | 9 | 2 | 6 | 3 | 4 |
| 7 | 4 | 6 | 5 | 1 | 3 | 8 | 9 | 2 |
| 9 | 2 | 3 | 6 | 8 | 4 | 5 | 7 | 1 |
| 6 | 3 | 4 | 9 | 5 | 7 | 2 | 1 | 8 |
| 5 | 8 | 9 | 1 | 2 | 6 | 7 | 4 | 3 |
| 1 | 7 | 2 | 4 | 3 | 8 | 9 | 5 | 6 |

## 68

| 3 | 1 | 5 | 2 | 7 | 6 | 8 | 4 | 9 |
|---|---|---|---|---|---|---|---|---|
| 4 | 7 | 2 | 8 | 5 | 9 | 1 | 3 | 6 |
| 9 | 6 | 8 | 4 | 3 | 1 | 2 | 7 | 5 |
| 1 | 9 | 7 | 6 | 8 | 5 | 4 | 2 | 3 |
| 5 | 4 | 3 | 9 | 2 | 7 | 6 | 8 | 1 |
| 8 | 2 | 6 | 1 | 4 | 3 | 9 | 5 | 7 |
| 6 | 5 | 4 | 3 | 1 | 8 | 7 | 9 | 2 |
| 7 | 8 | 9 | 5 | 6 | 2 | 3 | 1 | 4 |
| 2 | 3 | 1 | 7 | 9 | 4 | 5 | 6 | 8 |

## 69

| 9 | 2 | 3 | 1 | 7 | 5 | 6 | 8 | 4 |
|---|---|---|---|---|---|---|---|---|
| 5 | 7 | 4 | 6 | 8 | 9 | 1 | 3 | 2 |
| 8 | 6 | 1 | 2 | 4 | 3 | 5 | 9 | 7 |
| 6 | 5 | 8 | 9 | 1 | 7 | 2 | 4 | 3 |
| 4 | 1 | 7 | 3 | 2 | 8 | 9 | 6 | 5 |
| 3 | 9 | 2 | 5 | 6 | 4 | 7 | 1 | 8 |
| 2 | 3 | 5 | 4 | 9 | 6 | 8 | 7 | 1 |
| 1 | 8 | 6 | 7 | 3 | 2 | 4 | 5 | 9 |
| 7 | 4 | 9 | 8 | 5 | 1 | 3 | 2 | 6 |

## 70

| 1 | 8 | 6 | 4 | 5 | 2 | 7 | 9 | 3 |
|---|---|---|---|---|---|---|---|---|
| 9 | 3 | 4 | 7 | 6 | 1 | 5 | 8 | 2 |
| 7 | 2 | 5 | 9 | 3 | 8 | 1 | 4 | 6 |
| 8 | 6 | 2 | 5 | 1 | 7 | 4 | 3 | 9 |
| 4 | 1 | 3 | 8 | 9 | 6 | 2 | 5 | 7 |
| 5 | 7 | 9 | 2 | 4 | 3 | 6 | 1 | 8 |
| 6 | 5 | 1 | 3 | 2 | 9 | 8 | 7 | 4 |
| 2 | 9 | 8 | 1 | 7 | 4 | 3 | 6 | 5 |
| 3 | 4 | 7 | 6 | 8 | 5 | 9 | 2 | 1 |

## 71

| 7 | 1 | 8 | 9 | 4 | 2 | 6 | 3 | 5 |
|---|---|---|---|---|---|---|---|---|
| 5 | 3 | 6 | 7 | 1 | 8 | 4 | 9 | 2 |
| 9 | 4 | 2 | 3 | 5 | 6 | 1 | 7 | 8 |
| 2 | 7 | 1 | 8 | 3 | 5 | 9 | 4 | 6 |
| 6 | 8 | 4 | 2 | 9 | 7 | 5 | 1 | 3 |
| 3 | 5 | 9 | 1 | 6 | 4 | 8 | 2 | 7 |
| 4 | 9 | 5 | 6 | 7 | 3 | 2 | 8 | 1 |
| 1 | 2 | 7 | 5 | 8 | 9 | 3 | 6 | 4 |
| 8 | 6 | 3 | 4 | 2 | 1 | 7 | 5 | 9 |

## 72

| 4 | 3 | 8 | 9 | 1 | 7 | 5 | 6 | 2 |
|---|---|---|---|---|---|---|---|---|
| 2 | 7 | 9 | 5 | 6 | 3 | 1 | 8 | 4 |
| 1 | 6 | 5 | 2 | 8 | 4 | 9 | 7 | 3 |
| 5 | 9 | 6 | 3 | 7 | 2 | 8 | 4 | 1 |
| 8 | 2 | 3 | 1 | 4 | 9 | 7 | 5 | 6 |
| 7 | 1 | 4 | 8 | 5 | 6 | 3 | 2 | 9 |
| 3 | 5 | 7 | 6 | 2 | 1 | 4 | 9 | 8 |
| 6 | 8 | 1 | 4 | 9 | 5 | 2 | 3 | 7 |
| 9 | 4 | 2 | 7 | 3 | 8 | 6 | 1 | 5 |

## 73

| 1 | 9 | 5 | 2 | 3 | 7 | 4 | 8 | 6 |
|---|---|---|---|---|---|---|---|---|
| 2 | 4 | 8 | 6 | 9 | 1 | 3 | 5 | 7 |
| 7 | 3 | 6 | 5 | 4 | 8 | 1 | 2 | 9 |
| 4 | 6 | 2 | 1 | 8 | 9 | 5 | 7 | 3 |
| 9 | 1 | 3 | 4 | 7 | 5 | 2 | 6 | 8 |
| 5 | 8 | 7 | 3 | 6 | 2 | 9 | 4 | 1 |
| 6 | 5 | 1 | 7 | 2 | 3 | 8 | 9 | 4 |
| 3 | 7 | 9 | 8 | 5 | 4 | 6 | 1 | 2 |
| 8 | 2 | 4 | 9 | 1 | 6 | 7 | 3 | 5 |

## 74

| 1 | 8 | 9 | 2 | 7 | 6 | 5 | 3 | 4 |
|---|---|---|---|---|---|---|---|---|
| 5 | 2 | 6 | 8 | 4 | 3 | 1 | 7 | 9 |
| 4 | 7 | 3 | 9 | 1 | 5 | 6 | 2 | 8 |
| 3 | 9 | 7 | 1 | 6 | 4 | 8 | 5 | 2 |
| 6 | 1 | 2 | 5 | 8 | 9 | 3 | 4 | 7 |
| 8 | 5 | 4 | 3 | 2 | 7 | 9 | 6 | 1 |
| 7 | 4 | 8 | 6 | 3 | 1 | 2 | 9 | 5 |
| 2 | 6 | 5 | 7 | 9 | 8 | 4 | 1 | 3 |
| 9 | 3 | 1 | 4 | 5 | 2 | 7 | 8 | 6 |

## 75

| 4 | 6 | 8 | 7 | 9 | 2 | 1 | 5 | 3 |
|---|---|---|---|---|---|---|---|---|
| 3 | 7 | 5 | 6 | 1 | 4 | 8 | 9 | 2 |
| 2 | 9 | 1 | 3 | 8 | 5 | 7 | 6 | 4 |
| 1 | 3 | 7 | 8 | 4 | 6 | 5 | 2 | 9 |
| 5 | 4 | 6 | 1 | 2 | 9 | 3 | 8 | 7 |
| 8 | 2 | 9 | 5 | 7 | 3 | 4 | 1 | 6 |
| 6 | 8 | 4 | 9 | 3 | 1 | 2 | 7 | 5 |
| 7 | 5 | 2 | 4 | 6 | 8 | 9 | 3 | 1 |
| 9 | 1 | 3 | 2 | 5 | 7 | 6 | 4 | 8 |

## 76

| 9 | 6 | 7 | 8 | 1 | 4 | 2 | 5 | 3 |
|---|---|---|---|---|---|---|---|---|
| 2 | 3 | 8 | 5 | 9 | 6 | 1 | 4 | 7 |
| 4 | 5 | 1 | 3 | 2 | 7 | 9 | 8 | 6 |
| 1 | 4 | 5 | 6 | 3 | 8 | 7 | 2 | 9 |
| 8 | 7 | 3 | 9 | 5 | 2 | 4 | 6 | 1 |
| 6 | 2 | 9 | 4 | 7 | 1 | 8 | 3 | 5 |
| 3 | 8 | 4 | 1 | 6 | 9 | 5 | 7 | 2 |
| 5 | 1 | 2 | 7 | 4 | 3 | 6 | 9 | 8 |
| 7 | 9 | 6 | 2 | 8 | 5 | 3 | 1 | 4 |

## 77

| 3 | 1 | 6 | 4 | 7 | 2 | 8 | 9 | 5 |
|---|---|---|---|---|---|---|---|---|
| 5 | 4 | 9 | 6 | 1 | 8 | 7 | 2 | 3 |
| 8 | 7 | 2 | 3 | 9 | 5 | 6 | 1 | 4 |
| 4 | 8 | 5 | 9 | 3 | 6 | 2 | 7 | 1 |
| 6 | 3 | 1 | 8 | 2 | 7 | 5 | 4 | 9 |
| 9 | 2 | 7 | 5 | 4 | 1 | 3 | 8 | 6 |
| 2 | 9 | 4 | 7 | 6 | 3 | 1 | 5 | 8 |
| 7 | 5 | 3 | 1 | 8 | 9 | 4 | 6 | 2 |
| 1 | 6 | 8 | 2 | 5 | 4 | 9 | 3 | 7 |

## 78

| 3 | 2 | 5 | 9 | 8 | 4 | 1 | 6 | 7 |
|---|---|---|---|---|---|---|---|---|
| 4 | 7 | 9 | 5 | 1 | 6 | 8 | 2 | 3 |
| 6 | 8 | 1 | 3 | 7 | 2 | 5 | 4 | 9 |
| 7 | 4 | 8 | 2 | 5 | 1 | 3 | 9 | 6 |
| 1 | 3 | 2 | 4 | 6 | 9 | 7 | 5 | 8 |
| 9 | 5 | 6 | 8 | 3 | 7 | 4 | 1 | 2 |
| 2 | 9 | 7 | 1 | 4 | 3 | 6 | 8 | 5 |
| 5 | 1 | 3 | 6 | 2 | 8 | 9 | 7 | 4 |
| 8 | 6 | 4 | 7 | 9 | 5 | 2 | 3 | 1 |

## 79

| 4 | 5 | 8 | 9 | 3 | 2 | 1 | 7 | 6 |
|---|---|---|---|---|---|---|---|---|
| 7 | 9 | 1 | 4 | 8 | 6 | 3 | 2 | 5 |
| 3 | 6 | 2 | 5 | 1 | 7 | 8 | 4 | 9 |
| 8 | 3 | 6 | 2 | 9 | 1 | 7 | 5 | 4 |
| 2 | 1 | 7 | 8 | 4 | 5 | 6 | 9 | 3 |
| 9 | 4 | 5 | 7 | 6 | 3 | 2 | 8 | 1 |
| 6 | 2 | 9 | 1 | 7 | 4 | 5 | 3 | 8 |
| 5 | 8 | 3 | 6 | 2 | 9 | 4 | 1 | 7 |
| 1 | 7 | 4 | 3 | 5 | 8 | 9 | 6 | 2 |

## 80

| 4 | 5 | 8 | 9 | 3 | 7 | 6 | 1 | 2 |
|---|---|---|---|---|---|---|---|---|
| 6 | 9 | 1 | 4 | 5 | 2 | 3 | 8 | 7 |
| 7 | 3 | 2 | 1 | 8 | 6 | 5 | 4 | 9 |
| 3 | 8 | 9 | 5 | 6 | 1 | 7 | 2 | 4 |
| 5 | 7 | 6 | 2 | 9 | 4 | 8 | 3 | 1 |
| 2 | 1 | 4 | 8 | 7 | 3 | 9 | 6 | 5 |
| 8 | 2 | 7 | 3 | 4 | 9 | 1 | 5 | 6 |
| 1 | 6 | 5 | 7 | 2 | 8 | 4 | 9 | 3 |
| 9 | 4 | 3 | 6 | 1 | 5 | 2 | 7 | 8 |

**81**

| 1 | 3 | 6 | 4 | 9 | 5 | 7 | 2 | 8 |
|---|---|---|---|---|---|---|---|---|
| 4 | 7 | 2 | 3 | 8 | 1 | 9 | 6 | 5 |
| 5 | 8 | 9 | 2 | 6 | 7 | 4 | 1 | 3 |
| 2 | 4 | 8 | 6 | 7 | 3 | 5 | 9 | 1 |
| 7 | 5 | 3 | 1 | 2 | 9 | 8 | 4 | 6 |
| 9 | 6 | 1 | 8 | 5 | 4 | 2 | 3 | 7 |
| 6 | 9 | 4 | 7 | 3 | 8 | 1 | 5 | 2 |
| 3 | 1 | 7 | 5 | 4 | 2 | 6 | 8 | 9 |
| 8 | 2 | 5 | 9 | 1 | 6 | 3 | 7 | 4 |

**82**

| 9 | 4 | 1 | 8 | 7 | 2 | 3 | 6 | 5 |
|---|---|---|---|---|---|---|---|---|
| 5 | 8 | 2 | 3 | 9 | 6 | 4 | 1 | 7 |
| 3 | 6 | 7 | 4 | 1 | 5 | 8 | 9 | 2 |
| 2 | 3 | 4 | 6 | 5 | 9 | 1 | 7 | 8 |
| 1 | 5 | 6 | 7 | 4 | 8 | 9 | 2 | 3 |
| 8 | 7 | 9 | 2 | 3 | 1 | 5 | 4 | 6 |
| 7 | 9 | 3 | 5 | 2 | 4 | 6 | 8 | 1 |
| 6 | 1 | 5 | 9 | 8 | 7 | 2 | 3 | 4 |
| 4 | 2 | 8 | 1 | 6 | 3 | 7 | 5 | 9 |

**83**

| 2 | 9 | 7 | 8 | 1 | 6 | 4 | 3 | 5 |
|---|---|---|---|---|---|---|---|---|
| 4 | 5 | 8 | 7 | 3 | 9 | 2 | 6 | 1 |
| 3 | 6 | 1 | 4 | 5 | 2 | 8 | 9 | 7 |
| 6 | 8 | 3 | 9 | 7 | 1 | 5 | 2 | 4 |
| 9 | 1 | 2 | 6 | 4 | 5 | 3 | 7 | 8 |
| 7 | 4 | 5 | 2 | 8 | 3 | 6 | 1 | 9 |
| 1 | 2 | 6 | 5 | 9 | 8 | 7 | 4 | 3 |
| 8 | 3 | 4 | 1 | 6 | 7 | 9 | 5 | 2 |
| 5 | 7 | 9 | 3 | 2 | 4 | 1 | 8 | 6 |

**84**

| 5 | 7 | 6 | 2 | 4 | 3 | 9 | 1 | 8 |
|---|---|---|---|---|---|---|---|---|
| 1 | 3 | 8 | 7 | 9 | 5 | 6 | 4 | 2 |
| 2 | 4 | 9 | 8 | 6 | 1 | 3 | 7 | 5 |
| 6 | 9 | 1 | 4 | 8 | 7 | 5 | 2 | 3 |
| 8 | 5 | 4 | 3 | 1 | 2 | 7 | 9 | 6 |
| 3 | 2 | 7 | 9 | 5 | 6 | 4 | 8 | 1 |
| 4 | 8 | 2 | 6 | 3 | 9 | 1 | 5 | 7 |
| 7 | 6 | 5 | 1 | 2 | 4 | 8 | 3 | 9 |
| 9 | 1 | 3 | 5 | 7 | 8 | 2 | 6 | 4 |

**85**

| 4 | 9 | 1 | 6 | 8 | 5 | 3 | 2 | 7 |
|---|---|---|---|---|---|---|---|---|
| 6 | 2 | 5 | 7 | 3 | 4 | 8 | 9 | 1 |
| 8 | 7 | 3 | 1 | 9 | 2 | 6 | 4 | 5 |
| 3 | 6 | 9 | 4 | 5 | 7 | 1 | 8 | 2 |
| 7 | 1 | 4 | 3 | 2 | 8 | 9 | 5 | 6 |
| 2 | 5 | 8 | 9 | 1 | 6 | 4 | 7 | 3 |
| 1 | 8 | 2 | 5 | 4 | 3 | 7 | 6 | 9 |
| 5 | 3 | 7 | 8 | 6 | 9 | 2 | 1 | 4 |
| 9 | 4 | 6 | 2 | 7 | 1 | 5 | 3 | 8 |

**86**

| 6 | 9 | 1 | 8 | 5 | 3 | 4 | 2 | 7 |
|---|---|---|---|---|---|---|---|---|
| 2 | 5 | 7 | 6 | 4 | 9 | 8 | 1 | 3 |
| 4 | 8 | 3 | 1 | 7 | 2 | 5 | 6 | 9 |
| 3 | 1 | 4 | 2 | 6 | 5 | 7 | 9 | 8 |
| 5 | 6 | 8 | 3 | 9 | 7 | 1 | 4 | 2 |
| 9 | 7 | 2 | 4 | 1 | 8 | 6 | 3 | 5 |
| 8 | 4 | 5 | 9 | 2 | 1 | 3 | 7 | 6 |
| 1 | 3 | 9 | 7 | 8 | 6 | 2 | 5 | 4 |
| 7 | 2 | 6 | 5 | 3 | 4 | 9 | 8 | 1 |

**87**

| 4 | 6 | 1 | 9 | 2 | 5 | 8 | 7 | 3 |
|---|---|---|---|---|---|---|---|---|
| 7 | 5 | 8 | 6 | 1 | 3 | 9 | 4 | 2 |
| 2 | 9 | 3 | 8 | 7 | 4 | 1 | 6 | 5 |
| 1 | 8 | 2 | 5 | 4 | 6 | 3 | 9 | 7 |
| 9 | 3 | 4 | 7 | 8 | 1 | 5 | 2 | 6 |
| 5 | 7 | 6 | 3 | 9 | 2 | 4 | 8 | 1 |
| 8 | 2 | 5 | 1 | 6 | 9 | 7 | 3 | 4 |
| 6 | 1 | 7 | 4 | 3 | 8 | 2 | 5 | 9 |
| 3 | 4 | 9 | 2 | 5 | 7 | 6 | 1 | 8 |

**88**

| 8 | 6 | 2 | 9 | 1 | 4 | 5 | 7 | 3 |
|---|---|---|---|---|---|---|---|---|
| 9 | 3 | 1 | 7 | 5 | 2 | 6 | 4 | 8 |
| 7 | 4 | 5 | 8 | 6 | 3 | 1 | 9 | 2 |
| 1 | 8 | 9 | 6 | 2 | 7 | 4 | 3 | 5 |
| 4 | 5 | 3 | 1 | 8 | 9 | 7 | 2 | 6 |
| 6 | 2 | 7 | 3 | 4 | 5 | 8 | 1 | 9 |
| 2 | 7 | 6 | 5 | 3 | 1 | 9 | 8 | 4 |
| 5 | 9 | 4 | 2 | 7 | 8 | 3 | 6 | 1 |
| 3 | 1 | 8 | 4 | 9 | 6 | 2 | 5 | 7 |

**89**

| | | | | | | | | |
|---|---|---|---|---|---|---|---|---|
| 9 | 1 | 6 | 7 | 3 | 8 | 2 | 5 | 4 |
| 2 | 3 | 7 | 4 | 5 | 1 | 8 | 6 | 9 |
| 5 | 4 | 8 | 2 | 6 | 9 | 7 | 3 | 1 |
| 6 | 5 | 3 | 1 | 8 | 7 | 9 | 4 | 2 |
| 1 | 7 | 2 | 9 | 4 | 3 | 5 | 8 | 6 |
| 8 | 9 | 4 | 5 | 2 | 6 | 3 | 1 | 7 |
| 4 | 2 | 9 | 8 | 1 | 5 | 6 | 7 | 3 |
| 7 | 6 | 5 | 3 | 9 | 4 | 1 | 2 | 8 |
| 3 | 8 | 1 | 6 | 7 | 2 | 4 | 9 | 5 |

**90**

| | | | | | | | | |
|---|---|---|---|---|---|---|---|---|
| 3 | 2 | 7 | 8 | 6 | 5 | 4 | 9 | 1 |
| 4 | 5 | 9 | 7 | 1 | 3 | 2 | 8 | 6 |
| 1 | 8 | 6 | 9 | 2 | 4 | 3 | 7 | 5 |
| 6 | 1 | 8 | 4 | 5 | 9 | 7 | 3 | 2 |
| 5 | 9 | 4 | 3 | 7 | 2 | 1 | 6 | 8 |
| 7 | 3 | 2 | 6 | 8 | 1 | 5 | 4 | 9 |
| 9 | 7 | 1 | 2 | 3 | 6 | 8 | 5 | 4 |
| 2 | 6 | 3 | 5 | 4 | 8 | 9 | 1 | 7 |
| 8 | 4 | 5 | 1 | 9 | 7 | 6 | 2 | 3 |

**91**

| | | | | | | | | |
|---|---|---|---|---|---|---|---|---|
| 3 | 4 | 1 | 2 | 7 | 9 | 6 | 5 | 8 |
| 8 | 2 | 5 | 3 | 1 | 6 | 7 | 9 | 4 |
| 7 | 9 | 6 | 5 | 8 | 4 | 2 | 1 | 3 |
| 2 | 1 | 7 | 6 | 3 | 8 | 9 | 4 | 5 |
| 6 | 8 | 9 | 4 | 2 | 5 | 1 | 3 | 7 |
| 5 | 3 | 4 | 7 | 9 | 1 | 8 | 6 | 2 |
| 4 | 5 | 2 | 9 | 6 | 7 | 3 | 8 | 1 |
| 9 | 7 | 8 | 1 | 5 | 3 | 4 | 2 | 6 |
| 1 | 6 | 3 | 8 | 4 | 2 | 5 | 7 | 9 |

**92**

| | | | | | | | | |
|---|---|---|---|---|---|---|---|---|
| 9 | 4 | 6 | 8 | 3 | 7 | 2 | 5 | 1 |
| 2 | 7 | 1 | 9 | 5 | 4 | 8 | 6 | 3 |
| 5 | 3 | 8 | 2 | 1 | 6 | 7 | 4 | 9 |
| 1 | 5 | 4 | 7 | 8 | 9 | 3 | 2 | 6 |
| 8 | 2 | 7 | 1 | 6 | 3 | 4 | 9 | 5 |
| 6 | 9 | 3 | 5 | 4 | 2 | 1 | 7 | 8 |
| 7 | 8 | 2 | 6 | 9 | 1 | 5 | 3 | 4 |
| 4 | 1 | 9 | 3 | 2 | 5 | 6 | 8 | 7 |
| 3 | 6 | 5 | 4 | 7 | 8 | 9 | 1 | 2 |

**93**

| | | | | | | | | |
|---|---|---|---|---|---|---|---|---|
| 3 | 5 | 7 | 4 | 1 | 8 | 2 | 6 | 9 |
| 4 | 9 | 2 | 6 | 3 | 5 | 8 | 7 | 1 |
| 1 | 8 | 6 | 2 | 7 | 9 | 4 | 5 | 3 |
| 8 | 1 | 4 | 7 | 6 | 3 | 5 | 9 | 2 |
| 7 | 6 | 9 | 5 | 2 | 1 | 3 | 4 | 8 |
| 2 | 3 | 5 | 9 | 8 | 4 | 7 | 1 | 6 |
| 9 | 7 | 1 | 3 | 4 | 2 | 6 | 8 | 5 |
| 5 | 4 | 3 | 8 | 9 | 6 | 1 | 2 | 7 |
| 6 | 2 | 8 | 1 | 5 | 7 | 9 | 3 | 4 |

**94**

| | | | | | | | | |
|---|---|---|---|---|---|---|---|---|
| 2 | 6 | 4 | 9 | 3 | 8 | 5 | 7 | 1 |
| 8 | 3 | 5 | 2 | 7 | 1 | 4 | 9 | 6 |
| 1 | 7 | 9 | 5 | 6 | 4 | 2 | 8 | 3 |
| 7 | 8 | 1 | 6 | 4 | 9 | 3 | 2 | 5 |
| 9 | 4 | 6 | 3 | 5 | 2 | 8 | 1 | 7 |
| 5 | 2 | 3 | 8 | 1 | 7 | 6 | 4 | 9 |
| 3 | 1 | 7 | 4 | 8 | 5 | 9 | 6 | 2 |
| 6 | 9 | 8 | 7 | 2 | 3 | 1 | 5 | 4 |
| 4 | 5 | 2 | 1 | 9 | 6 | 7 | 3 | 8 |

**95**

| | | | | | | | | |
|---|---|---|---|---|---|---|---|---|
| 9 | 1 | 3 | 7 | 2 | 6 | 5 | 4 | 8 |
| 5 | 4 | 8 | 9 | 1 | 3 | 7 | 2 | 6 |
| 7 | 6 | 2 | 8 | 4 | 5 | 1 | 3 | 9 |
| 4 | 5 | 9 | 2 | 3 | 8 | 6 | 7 | 1 |
| 3 | 7 | 1 | 4 | 6 | 9 | 8 | 5 | 2 |
| 8 | 2 | 6 | 5 | 7 | 1 | 3 | 9 | 4 |
| 2 | 8 | 5 | 1 | 9 | 7 | 4 | 6 | 3 |
| 1 | 3 | 4 | 6 | 5 | 2 | 9 | 8 | 7 |
| 6 | 9 | 7 | 3 | 8 | 4 | 2 | 1 | 5 |

**96**

| | | | | | | | | |
|---|---|---|---|---|---|---|---|---|
| 4 | 1 | 6 | 5 | 2 | 3 | 8 | 9 | 7 |
| 5 | 8 | 3 | 4 | 9 | 7 | 1 | 2 | 6 |
| 9 | 2 | 7 | 8 | 1 | 6 | 4 | 5 | 3 |
| 2 | 4 | 1 | 7 | 8 | 5 | 6 | 3 | 9 |
| 6 | 3 | 5 | 9 | 4 | 1 | 7 | 8 | 2 |
| 8 | 7 | 9 | 6 | 3 | 2 | 5 | 1 | 4 |
| 1 | 6 | 8 | 3 | 7 | 9 | 2 | 4 | 5 |
| 7 | 9 | 4 | 2 | 5 | 8 | 3 | 6 | 1 |
| 3 | 5 | 2 | 1 | 6 | 4 | 9 | 7 | 8 |

## 97

| 7 | 1 | 8 | 4 | 5 | 2 | 9 | 6 | 3 |
|---|---|---|---|---|---|---|---|---|
| 9 | 4 | 5 | 1 | 3 | 6 | 2 | 7 | 8 |
| 2 | 6 | 3 | 8 | 7 | 9 | 5 | 1 | 4 |
| 6 | 2 | 7 | 3 | 9 | 1 | 8 | 4 | 5 |
| 5 | 8 | 4 | 2 | 6 | 7 | 3 | 9 | 1 |
| 1 | 3 | 9 | 5 | 4 | 8 | 6 | 2 | 7 |
| 4 | 9 | 2 | 7 | 8 | 3 | 1 | 5 | 6 |
| 3 | 7 | 6 | 9 | 1 | 5 | 4 | 8 | 2 |
| 8 | 5 | 1 | 6 | 2 | 4 | 7 | 3 | 9 |

## 98

| 6 | 1 | 8 | 2 | 5 | 9 | 3 | 7 | 4 |
|---|---|---|---|---|---|---|---|---|
| 7 | 5 | 2 | 3 | 4 | 1 | 8 | 6 | 9 |
| 3 | 9 | 4 | 6 | 8 | 7 | 2 | 5 | 1 |
| 1 | 2 | 3 | 9 | 7 | 8 | 6 | 4 | 5 |
| 8 | 4 | 7 | 5 | 3 | 6 | 9 | 1 | 2 |
| 9 | 6 | 5 | 1 | 2 | 4 | 7 | 8 | 3 |
| 2 | 3 | 6 | 7 | 1 | 5 | 4 | 9 | 8 |
| 5 | 8 | 9 | 4 | 6 | 3 | 1 | 2 | 7 |
| 4 | 7 | 1 | 8 | 9 | 2 | 5 | 3 | 6 |

## 99

| 4 | 1 | 8 | 3 | 5 | 2 | 9 | 7 | 6 |
|---|---|---|---|---|---|---|---|---|
| 6 | 3 | 2 | 9 | 4 | 7 | 1 | 5 | 8 |
| 7 | 9 | 5 | 8 | 6 | 1 | 4 | 3 | 2 |
| 8 | 4 | 3 | 2 | 1 | 9 | 7 | 6 | 5 |
| 1 | 5 | 6 | 4 | 7 | 8 | 2 | 9 | 3 |
| 2 | 7 | 9 | 5 | 3 | 6 | 8 | 4 | 1 |
| 5 | 2 | 4 | 1 | 9 | 3 | 6 | 8 | 7 |
| 9 | 6 | 1 | 7 | 8 | 5 | 3 | 2 | 4 |
| 3 | 8 | 7 | 6 | 2 | 4 | 5 | 1 | 9 |

## 100

| 5 | 7 | 8 | 3 | 6 | 1 | 2 | 4 | 9 |
|---|---|---|---|---|---|---|---|---|
| 6 | 1 | 4 | 2 | 9 | 8 | 5 | 3 | 7 |
| 2 | 3 | 9 | 5 | 7 | 4 | 1 | 6 | 8 |
| 8 | 6 | 1 | 4 | 5 | 9 | 3 | 7 | 2 |
| 7 | 4 | 5 | 6 | 3 | 2 | 8 | 9 | 1 |
| 3 | 9 | 2 | 1 | 8 | 7 | 6 | 5 | 4 |
| 1 | 5 | 7 | 8 | 4 | 3 | 9 | 2 | 6 |
| 4 | 2 | 6 | 9 | 1 | 5 | 7 | 8 | 3 |
| 9 | 8 | 3 | 7 | 2 | 6 | 4 | 1 | 5 |

## 101

| 1 | 7 | 9 | 4 | 6 | 5 | 2 | 3 | 8 |
|---|---|---|---|---|---|---|---|---|
| 3 | 5 | 6 | 2 | 8 | 7 | 1 | 4 | 9 |
| 4 | 8 | 2 | 1 | 9 | 3 | 6 | 5 | 7 |
| 9 | 4 | 7 | 5 | 1 | 8 | 3 | 6 | 2 |
| 6 | 1 | 5 | 7 | 3 | 2 | 9 | 8 | 4 |
| 8 | 2 | 3 | 9 | 4 | 6 | 5 | 7 | 1 |
| 7 | 3 | 8 | 6 | 2 | 9 | 4 | 1 | 5 |
| 2 | 6 | 1 | 8 | 5 | 4 | 7 | 9 | 3 |
| 5 | 9 | 4 | 3 | 7 | 1 | 8 | 2 | 6 |

## 102

| 8 | 2 | 5 | 9 | 3 | 1 | 6 | 4 | 7 |
|---|---|---|---|---|---|---|---|---|
| 3 | 1 | 6 | 7 | 2 | 4 | 5 | 8 | 9 |
| 9 | 7 | 4 | 6 | 8 | 5 | 1 | 3 | 2 |
| 4 | 3 | 7 | 2 | 1 | 6 | 9 | 5 | 8 |
| 2 | 8 | 1 | 5 | 9 | 3 | 7 | 6 | 4 |
| 5 | 6 | 9 | 4 | 7 | 8 | 2 | 1 | 3 |
| 1 | 4 | 2 | 8 | 5 | 9 | 3 | 7 | 6 |
| 7 | 5 | 8 | 3 | 6 | 2 | 4 | 9 | 1 |
| 6 | 9 | 3 | 1 | 4 | 7 | 8 | 2 | 5 |

## 103

| 2 | 6 | 9 | 1 | 4 | 3 | 8 | 7 | 5 |
|---|---|---|---|---|---|---|---|---|
| 8 | 4 | 1 | 5 | 2 | 7 | 6 | 9 | 3 |
| 5 | 3 | 7 | 6 | 9 | 8 | 4 | 2 | 1 |
| 7 | 2 | 3 | 8 | 1 | 4 | 5 | 6 | 9 |
| 1 | 9 | 6 | 7 | 5 | 2 | 3 | 4 | 8 |
| 4 | 8 | 5 | 3 | 6 | 9 | 7 | 1 | 2 |
| 9 | 5 | 4 | 2 | 3 | 6 | 1 | 8 | 7 |
| 6 | 1 | 8 | 9 | 7 | 5 | 2 | 3 | 4 |
| 3 | 7 | 2 | 4 | 8 | 1 | 9 | 5 | 6 |

## 104

| 5 | 3 | 9 | 2 | 6 | 8 | 1 | 4 | 7 |
|---|---|---|---|---|---|---|---|---|
| 6 | 2 | 7 | 5 | 4 | 1 | 3 | 8 | 9 |
| 1 | 8 | 4 | 9 | 3 | 7 | 6 | 5 | 2 |
| 2 | 1 | 3 | 8 | 9 | 5 | 4 | 7 | 6 |
| 8 | 9 | 5 | 4 | 7 | 6 | 2 | 1 | 3 |
| 7 | 4 | 6 | 3 | 1 | 2 | 5 | 9 | 8 |
| 4 | 6 | 2 | 1 | 8 | 9 | 7 | 3 | 5 |
| 3 | 5 | 8 | 7 | 2 | 4 | 9 | 6 | 1 |
| 9 | 7 | 1 | 6 | 5 | 3 | 8 | 2 | 4 |

## 105

| 5 | 7 | 3 | 1 | 9 | 4 | 6 | 2 | 8 |
|---|---|---|---|---|---|---|---|---|
| 8 | 4 | 1 | 6 | 3 | 2 | 7 | 5 | 9 |
| 6 | 9 | 2 | 7 | 5 | 8 | 4 | 1 | 3 |
| 3 | 8 | 6 | 9 | 7 | 5 | 1 | 4 | 2 |
| 4 | 5 | 9 | 8 | 2 | 1 | 3 | 7 | 6 |
| 2 | 1 | 7 | 3 | 4 | 6 | 9 | 8 | 5 |
| 1 | 6 | 4 | 2 | 8 | 9 | 5 | 3 | 7 |
| 9 | 3 | 8 | 5 | 1 | 7 | 2 | 6 | 4 |
| 7 | 2 | 5 | 4 | 6 | 3 | 8 | 9 | 1 |

## 106

| 2 | 4 | 3 | 1 | 6 | 8 | 9 | 7 | 5 |
|---|---|---|---|---|---|---|---|---|
| 8 | 7 | 1 | 3 | 5 | 9 | 2 | 6 | 4 |
| 5 | 6 | 9 | 4 | 2 | 7 | 1 | 3 | 8 |
| 3 | 1 | 6 | 7 | 9 | 4 | 8 | 5 | 2 |
| 4 | 9 | 5 | 2 | 8 | 3 | 6 | 1 | 7 |
| 7 | 8 | 2 | 5 | 1 | 6 | 3 | 4 | 9 |
| 6 | 2 | 4 | 8 | 3 | 5 | 7 | 9 | 1 |
| 9 | 5 | 8 | 6 | 7 | 1 | 4 | 2 | 3 |
| 1 | 3 | 7 | 9 | 4 | 2 | 5 | 8 | 6 |

## 107

| 6 | 4 | 8 | 2 | 1 | 3 | 7 | 5 | 9 |
|---|---|---|---|---|---|---|---|---|
| 3 | 9 | 2 | 7 | 5 | 4 | 1 | 6 | 8 |
| 5 | 7 | 1 | 6 | 9 | 8 | 2 | 4 | 3 |
| 2 | 8 | 7 | 1 | 3 | 6 | 4 | 9 | 5 |
| 9 | 1 | 5 | 8 | 4 | 2 | 3 | 7 | 6 |
| 4 | 3 | 6 | 9 | 7 | 5 | 8 | 1 | 2 |
| 8 | 2 | 4 | 5 | 6 | 7 | 9 | 3 | 1 |
| 1 | 5 | 3 | 4 | 8 | 9 | 6 | 2 | 7 |
| 7 | 6 | 9 | 3 | 2 | 1 | 5 | 8 | 4 |

## 108

| 3 | 7 | 4 | 8 | 6 | 9 | 1 | 2 | 5 |
|---|---|---|---|---|---|---|---|---|
| 9 | 2 | 6 | 7 | 1 | 5 | 8 | 4 | 3 |
| 8 | 1 | 5 | 4 | 2 | 3 | 9 | 6 | 7 |
| 2 | 3 | 9 | 5 | 7 | 8 | 4 | 1 | 6 |
| 7 | 6 | 8 | 3 | 4 | 1 | 5 | 9 | 2 |
| 5 | 4 | 1 | 6 | 9 | 2 | 7 | 3 | 8 |
| 1 | 5 | 7 | 9 | 3 | 6 | 2 | 8 | 4 |
| 6 | 8 | 2 | 1 | 5 | 4 | 3 | 7 | 9 |
| 4 | 9 | 3 | 2 | 8 | 7 | 6 | 5 | 1 |

## 109

| 3 | 8 | 2 | 5 | 1 | 6 | 7 | 4 | 9 |
|---|---|---|---|---|---|---|---|---|
| 1 | 6 | 4 | 9 | 2 | 7 | 5 | 3 | 8 |
| 9 | 5 | 7 | 3 | 8 | 4 | 6 | 1 | 2 |
| 2 | 1 | 3 | 6 | 4 | 5 | 9 | 8 | 7 |
| 4 | 9 | 5 | 2 | 7 | 8 | 3 | 6 | 1 |
| 8 | 7 | 6 | 1 | 9 | 3 | 4 | 2 | 5 |
| 6 | 2 | 8 | 7 | 3 | 9 | 1 | 5 | 4 |
| 5 | 4 | 9 | 8 | 6 | 1 | 2 | 7 | 3 |
| 7 | 3 | 1 | 4 | 5 | 2 | 8 | 9 | 6 |

## 110

| 5 | 6 | 3 | 9 | 7 | 4 | 1 | 2 | 8 |
|---|---|---|---|---|---|---|---|---|
| 7 | 2 | 9 | 8 | 3 | 1 | 6 | 5 | 4 |
| 8 | 4 | 1 | 5 | 6 | 2 | 3 | 7 | 9 |
| 1 | 9 | 6 | 2 | 4 | 3 | 7 | 8 | 5 |
| 2 | 5 | 8 | 6 | 9 | 7 | 4 | 1 | 3 |
| 4 | 3 | 7 | 1 | 5 | 8 | 9 | 6 | 2 |
| 6 | 7 | 4 | 3 | 2 | 5 | 8 | 9 | 1 |
| 9 | 1 | 5 | 4 | 8 | 6 | 2 | 3 | 7 |
| 3 | 8 | 2 | 7 | 1 | 9 | 5 | 4 | 6 |

## 111

| 4 | 8 | 5 | 1 | 6 | 7 | 9 | 3 | 2 |
|---|---|---|---|---|---|---|---|---|
| 3 | 1 | 9 | 5 | 8 | 2 | 7 | 4 | 6 |
| 6 | 7 | 2 | 3 | 9 | 4 | 8 | 1 | 5 |
| 9 | 4 | 7 | 2 | 3 | 8 | 6 | 5 | 1 |
| 2 | 3 | 8 | 6 | 1 | 5 | 4 | 7 | 9 |
| 1 | 5 | 6 | 7 | 4 | 9 | 2 | 8 | 3 |
| 7 | 2 | 3 | 4 | 5 | 6 | 1 | 9 | 8 |
| 5 | 9 | 4 | 8 | 2 | 1 | 3 | 6 | 7 |
| 8 | 6 | 1 | 9 | 7 | 3 | 5 | 2 | 4 |

## 112

| 1 | 2 | 6 | 7 | 3 | 9 | 8 | 4 | 5 |
|---|---|---|---|---|---|---|---|---|
| 7 | 4 | 9 | 5 | 2 | 8 | 1 | 6 | 3 |
| 8 | 3 | 5 | 6 | 1 | 4 | 9 | 7 | 2 |
| 6 | 9 | 2 | 8 | 4 | 7 | 3 | 5 | 1 |
| 4 | 8 | 3 | 1 | 5 | 2 | 6 | 9 | 7 |
| 5 | 1 | 7 | 3 | 9 | 6 | 4 | 2 | 8 |
| 2 | 6 | 1 | 4 | 8 | 5 | 7 | 3 | 9 |
| 9 | 7 | 8 | 2 | 6 | 3 | 5 | 1 | 4 |
| 3 | 5 | 4 | 9 | 7 | 1 | 2 | 8 | 6 |

## 113

| 1 | 2 | 5 | 3 | 6 | 9 | 7 | 8 | 4 |
|---|---|---|---|---|---|---|---|---|
| 8 | 4 | 3 | 5 | 7 | 2 | 6 | 9 | 1 |
| 7 | 9 | 6 | 1 | 8 | 4 | 3 | 2 | 5 |
| 6 | 1 | 8 | 7 | 4 | 3 | 2 | 5 | 9 |
| 5 | 7 | 2 | 8 | 9 | 6 | 4 | 1 | 3 |
| 4 | 3 | 9 | 2 | 5 | 1 | 8 | 6 | 7 |
| 9 | 8 | 7 | 4 | 2 | 5 | 1 | 3 | 6 |
| 2 | 6 | 1 | 9 | 3 | 7 | 5 | 4 | 8 |
| 3 | 5 | 4 | 6 | 1 | 8 | 9 | 7 | 2 |

## 114

| 6 | 4 | 9 | 8 | 3 | 1 | 5 | 7 | 2 |
|---|---|---|---|---|---|---|---|---|
| 2 | 5 | 7 | 4 | 6 | 9 | 3 | 1 | 8 |
| 1 | 3 | 8 | 5 | 2 | 7 | 6 | 4 | 9 |
| 3 | 7 | 2 | 1 | 8 | 4 | 9 | 5 | 6 |
| 8 | 1 | 5 | 6 | 9 | 2 | 7 | 3 | 4 |
| 4 | 9 | 6 | 7 | 5 | 3 | 2 | 8 | 1 |
| 9 | 8 | 1 | 2 | 7 | 5 | 4 | 6 | 3 |
| 5 | 6 | 3 | 9 | 4 | 8 | 1 | 2 | 7 |
| 7 | 2 | 4 | 3 | 1 | 6 | 8 | 9 | 5 |

## 115

| 7 | 2 | 4 | 8 | 1 | 3 | 6 | 9 | 5 |
|---|---|---|---|---|---|---|---|---|
| 3 | 8 | 5 | 6 | 9 | 7 | 1 | 2 | 4 |
| 9 | 6 | 1 | 5 | 4 | 2 | 3 | 7 | 8 |
| 6 | 4 | 7 | 3 | 5 | 9 | 2 | 8 | 1 |
| 8 | 5 | 3 | 7 | 2 | 1 | 4 | 6 | 9 |
| 1 | 9 | 2 | 4 | 6 | 8 | 7 | 5 | 3 |
| 5 | 7 | 6 | 1 | 8 | 4 | 9 | 3 | 2 |
| 4 | 3 | 9 | 2 | 7 | 5 | 8 | 1 | 6 |
| 2 | 1 | 8 | 9 | 3 | 6 | 5 | 4 | 7 |

## 116

| 1 | 6 | 4 | 9 | 7 | 3 | 5 | 8 | 2 |
|---|---|---|---|---|---|---|---|---|
| 3 | 9 | 8 | 2 | 5 | 1 | 7 | 6 | 4 |
| 7 | 2 | 5 | 4 | 8 | 6 | 9 | 3 | 1 |
| 5 | 7 | 3 | 1 | 6 | 9 | 4 | 2 | 8 |
| 4 | 8 | 6 | 5 | 3 | 2 | 1 | 7 | 9 |
| 9 | 1 | 2 | 8 | 4 | 7 | 3 | 5 | 6 |
| 8 | 3 | 9 | 6 | 1 | 5 | 2 | 4 | 7 |
| 6 | 5 | 1 | 7 | 2 | 4 | 8 | 9 | 3 |
| 2 | 4 | 7 | 3 | 9 | 8 | 6 | 1 | 5 |

## 117

| 8 | 4 | 9 | 5 | 6 | 1 | 3 | 7 | 2 |
|---|---|---|---|---|---|---|---|---|
| 1 | 2 | 6 | 7 | 3 | 9 | 5 | 4 | 8 |
| 3 | 7 | 5 | 2 | 8 | 4 | 6 | 1 | 9 |
| 7 | 5 | 3 | 1 | 2 | 8 | 4 | 9 | 6 |
| 6 | 9 | 2 | 4 | 5 | 7 | 1 | 8 | 3 |
| 4 | 1 | 8 | 3 | 9 | 6 | 7 | 2 | 5 |
| 2 | 6 | 7 | 9 | 4 | 3 | 8 | 5 | 1 |
| 5 | 8 | 1 | 6 | 7 | 2 | 9 | 3 | 4 |
| 9 | 3 | 4 | 8 | 1 | 5 | 2 | 6 | 7 |

## 118

| 4 | 6 | 7 | 2 | 5 | 9 | 1 | 8 | 3 |
|---|---|---|---|---|---|---|---|---|
| 9 | 1 | 8 | 6 | 4 | 3 | 2 | 7 | 5 |
| 2 | 5 | 3 | 7 | 8 | 1 | 4 | 6 | 9 |
| 1 | 9 | 4 | 8 | 3 | 2 | 7 | 5 | 6 |
| 8 | 7 | 6 | 9 | 1 | 5 | 3 | 4 | 2 |
| 5 | 3 | 2 | 4 | 7 | 6 | 8 | 9 | 1 |
| 6 | 8 | 1 | 3 | 9 | 4 | 5 | 2 | 7 |
| 7 | 2 | 5 | 1 | 6 | 8 | 9 | 3 | 4 |
| 3 | 4 | 9 | 5 | 2 | 7 | 6 | 1 | 8 |

## 119

| 7 | 8 | 6 | 9 | 5 | 4 | 1 | 2 | 3 |
|---|---|---|---|---|---|---|---|---|
| 3 | 4 | 9 | 2 | 8 | 1 | 6 | 5 | 7 |
| 5 | 2 | 1 | 7 | 6 | 3 | 9 | 4 | 8 |
| 4 | 6 | 5 | 1 | 7 | 8 | 3 | 9 | 2 |
| 9 | 1 | 7 | 3 | 2 | 5 | 8 | 6 | 4 |
| 8 | 3 | 2 | 6 | 4 | 9 | 7 | 1 | 5 |
| 6 | 5 | 3 | 8 | 9 | 2 | 4 | 7 | 1 |
| 2 | 9 | 8 | 4 | 1 | 7 | 5 | 3 | 6 |
| 1 | 7 | 4 | 5 | 3 | 6 | 2 | 8 | 9 |

## 120

| 4 | 8 | 3 | 7 | 9 | 1 | 2 | 6 | 5 |
|---|---|---|---|---|---|---|---|---|
| 2 | 1 | 5 | 8 | 3 | 6 | 7 | 9 | 4 |
| 9 | 7 | 6 | 2 | 4 | 5 | 8 | 1 | 3 |
| 7 | 2 | 8 | 4 | 6 | 9 | 3 | 5 | 1 |
| 1 | 5 | 9 | 3 | 8 | 2 | 6 | 4 | 7 |
| 6 | 3 | 4 | 1 | 5 | 7 | 9 | 8 | 2 |
| 3 | 4 | 2 | 6 | 1 | 8 | 5 | 7 | 9 |
| 5 | 6 | 1 | 9 | 7 | 3 | 4 | 2 | 8 |
| 8 | 9 | 7 | 5 | 2 | 4 | 1 | 3 | 6 |

## 121

| 9 | 8 | 7 | 1 | 4 | 6 | 2 | 5 | 3 |
|---|---|---|---|---|---|---|---|---|
| 5 | 2 | 1 | 8 | 3 | 9 | 6 | 7 | 4 |
| 4 | 6 | 3 | 7 | 5 | 2 | 1 | 8 | 9 |
| 6 | 7 | 4 | 2 | 9 | 1 | 8 | 3 | 5 |
| 3 | 1 | 8 | 4 | 7 | 5 | 9 | 2 | 6 |
| 2 | 5 | 9 | 6 | 8 | 3 | 7 | 4 | 1 |
| 8 | 9 | 2 | 3 | 6 | 4 | 5 | 1 | 7 |
| 1 | 3 | 6 | 5 | 2 | 7 | 4 | 9 | 8 |
| 7 | 4 | 5 | 9 | 1 | 8 | 3 | 6 | 2 |

## 122

| 2 | 1 | 6 | 4 | 3 | 9 | 7 | 5 | 8 |
|---|---|---|---|---|---|---|---|---|
| 9 | 7 | 3 | 5 | 8 | 1 | 2 | 6 | 4 |
| 4 | 8 | 5 | 7 | 6 | 2 | 1 | 3 | 9 |
| 5 | 9 | 4 | 2 | 1 | 6 | 8 | 7 | 3 |
| 6 | 2 | 7 | 8 | 4 | 3 | 9 | 1 | 5 |
| 1 | 3 | 8 | 9 | 7 | 5 | 4 | 2 | 6 |
| 7 | 5 | 1 | 3 | 9 | 8 | 6 | 4 | 2 |
| 8 | 4 | 2 | 6 | 5 | 7 | 3 | 9 | 1 |
| 3 | 6 | 9 | 1 | 2 | 4 | 5 | 8 | 7 |

## 123

| 8 | 3 | 1 | 2 | 4 | 7 | 9 | 6 | 5 |
|---|---|---|---|---|---|---|---|---|
| 2 | 7 | 9 | 5 | 6 | 1 | 8 | 3 | 4 |
| 6 | 5 | 4 | 9 | 3 | 8 | 2 | 1 | 7 |
| 5 | 4 | 6 | 8 | 2 | 3 | 7 | 9 | 1 |
| 9 | 1 | 2 | 7 | 5 | 6 | 4 | 8 | 3 |
| 3 | 8 | 7 | 1 | 9 | 4 | 6 | 5 | 2 |
| 7 | 6 | 8 | 4 | 1 | 5 | 3 | 2 | 9 |
| 1 | 2 | 3 | 6 | 7 | 9 | 5 | 4 | 8 |
| 4 | 9 | 5 | 3 | 8 | 2 | 1 | 7 | 6 |

## 124

| 7 | 6 | 9 | 8 | 2 | 4 | 5 | 1 | 3 |
|---|---|---|---|---|---|---|---|---|
| 5 | 4 | 1 | 6 | 3 | 7 | 2 | 8 | 9 |
| 2 | 8 | 3 | 5 | 1 | 9 | 4 | 7 | 6 |
| 3 | 9 | 6 | 4 | 5 | 1 | 8 | 2 | 7 |
| 1 | 2 | 4 | 9 | 7 | 8 | 6 | 3 | 5 |
| 8 | 7 | 5 | 2 | 6 | 3 | 9 | 4 | 1 |
| 9 | 1 | 8 | 7 | 4 | 6 | 3 | 5 | 2 |
| 6 | 5 | 7 | 3 | 8 | 2 | 1 | 9 | 4 |
| 4 | 3 | 2 | 1 | 9 | 5 | 7 | 6 | 8 |

## 125

| 7 | 5 | 4 | 2 | 9 | 6 | 3 | 1 | 8 |
|---|---|---|---|---|---|---|---|---|
| 9 | 8 | 2 | 3 | 1 | 5 | 4 | 7 | 6 |
| 3 | 6 | 1 | 7 | 4 | 8 | 2 | 5 | 9 |
| 5 | 2 | 7 | 6 | 3 | 4 | 8 | 9 | 1 |
| 1 | 3 | 9 | 5 | 8 | 2 | 7 | 6 | 4 |
| 6 | 4 | 8 | 1 | 7 | 9 | 5 | 2 | 3 |
| 2 | 9 | 3 | 4 | 5 | 1 | 6 | 8 | 7 |
| 8 | 7 | 6 | 9 | 2 | 3 | 1 | 4 | 5 |
| 4 | 1 | 5 | 8 | 6 | 7 | 9 | 3 | 2 |

## 126

| 2 | 7 | 8 | 9 | 4 | 3 | 1 | 6 | 5 |
|---|---|---|---|---|---|---|---|---|
| 4 | 3 | 1 | 5 | 6 | 7 | 2 | 9 | 8 |
| 5 | 9 | 6 | 2 | 1 | 8 | 4 | 7 | 3 |
| 8 | 2 | 4 | 6 | 7 | 9 | 3 | 5 | 1 |
| 6 | 5 | 3 | 8 | 2 | 1 | 9 | 4 | 7 |
| 7 | 1 | 9 | 3 | 5 | 4 | 8 | 2 | 6 |
| 3 | 8 | 5 | 7 | 9 | 2 | 6 | 1 | 4 |
| 1 | 6 | 2 | 4 | 8 | 5 | 7 | 3 | 9 |
| 9 | 4 | 7 | 1 | 3 | 6 | 5 | 8 | 2 |

## 127

| 1 | 6 | 7 | 3 | 9 | 2 | 4 | 8 | 5 |
| 2 | 9 | 5 | 4 | 8 | 7 | 3 | 6 | 1 |
| 3 | 8 | 4 | 1 | 5 | 6 | 7 | 9 | 2 |
| 4 | 5 | 3 | 7 | 6 | 8 | 1 | 2 | 9 |
| 8 | 2 | 6 | 9 | 4 | 1 | 5 | 7 | 3 |
| 7 | 1 | 9 | 2 | 3 | 5 | 6 | 4 | 8 |
| 6 | 3 | 8 | 5 | 2 | 4 | 9 | 1 | 7 |
| 9 | 7 | 2 | 6 | 1 | 3 | 8 | 5 | 4 |
| 5 | 4 | 1 | 8 | 7 | 9 | 2 | 3 | 6 |

## 128

| 6 | 7 | 9 | 2 | 1 | 3 | 4 | 8 | 5 |
| 2 | 8 | 3 | 4 | 9 | 5 | 1 | 6 | 7 |
| 4 | 1 | 5 | 8 | 7 | 6 | 9 | 3 | 2 |
| 9 | 5 | 2 | 6 | 8 | 1 | 7 | 4 | 3 |
| 1 | 3 | 8 | 9 | 4 | 7 | 5 | 2 | 6 |
| 7 | 4 | 6 | 3 | 5 | 2 | 8 | 9 | 1 |
| 8 | 2 | 1 | 7 | 3 | 4 | 6 | 5 | 9 |
| 5 | 6 | 4 | 1 | 2 | 9 | 3 | 7 | 8 |
| 3 | 9 | 7 | 5 | 6 | 8 | 2 | 1 | 4 |

## 129

| 8 | 9 | 7 | 1 | 3 | 6 | 4 | 2 | 5 |
| 6 | 4 | 5 | 7 | 2 | 9 | 1 | 8 | 3 |
| 3 | 2 | 1 | 4 | 8 | 5 | 6 | 7 | 9 |
| 4 | 8 | 3 | 9 | 6 | 1 | 2 | 5 | 7 |
| 9 | 7 | 6 | 5 | 4 | 2 | 8 | 3 | 1 |
| 1 | 5 | 2 | 3 | 7 | 8 | 9 | 4 | 6 |
| 7 | 3 | 9 | 8 | 1 | 4 | 5 | 6 | 2 |
| 5 | 6 | 8 | 2 | 9 | 3 | 7 | 1 | 4 |
| 2 | 1 | 4 | 6 | 5 | 7 | 3 | 9 | 8 |

## 130

| 5 | 4 | 2 | 3 | 7 | 9 | 8 | 6 | 1 |
| 8 | 1 | 9 | 4 | 2 | 6 | 7 | 3 | 5 |
| 7 | 3 | 6 | 5 | 1 | 8 | 4 | 2 | 9 |
| 9 | 5 | 3 | 8 | 4 | 2 | 6 | 1 | 7 |
| 6 | 8 | 1 | 7 | 3 | 5 | 2 | 9 | 4 |
| 2 | 7 | 4 | 6 | 9 | 1 | 5 | 8 | 3 |
| 1 | 9 | 5 | 2 | 6 | 4 | 3 | 7 | 8 |
| 4 | 6 | 7 | 1 | 8 | 3 | 9 | 5 | 2 |
| 3 | 2 | 8 | 9 | 5 | 7 | 1 | 4 | 6 |

## 131

| 2 | 3 | 1 | 5 | 7 | 6 | 4 | 8 | 9 |
| 9 | 5 | 4 | 2 | 8 | 1 | 6 | 7 | 3 |
| 7 | 6 | 8 | 4 | 3 | 9 | 5 | 2 | 1 |
| 5 | 7 | 3 | 6 | 9 | 4 | 2 | 1 | 8 |
| 4 | 2 | 6 | 7 | 1 | 8 | 9 | 3 | 5 |
| 1 | 8 | 9 | 3 | 2 | 5 | 7 | 4 | 6 |
| 6 | 9 | 2 | 8 | 4 | 3 | 1 | 5 | 7 |
| 8 | 4 | 5 | 1 | 6 | 7 | 3 | 9 | 2 |
| 3 | 1 | 7 | 9 | 5 | 2 | 8 | 6 | 4 |

## 132

| 7 | 9 | 1 | 8 | 4 | 6 | 5 | 3 | 2 |
| 2 | 4 | 6 | 9 | 5 | 3 | 1 | 8 | 7 |
| 3 | 5 | 8 | 1 | 7 | 2 | 4 | 6 | 9 |
| 9 | 2 | 5 | 6 | 1 | 4 | 3 | 7 | 8 |
| 6 | 1 | 4 | 7 | 3 | 8 | 2 | 9 | 5 |
| 8 | 7 | 3 | 2 | 9 | 5 | 6 | 4 | 1 |
| 5 | 8 | 7 | 3 | 6 | 1 | 9 | 2 | 4 |
| 1 | 3 | 2 | 4 | 8 | 9 | 7 | 5 | 6 |
| 4 | 6 | 9 | 5 | 2 | 7 | 8 | 1 | 3 |

## 133

| 1 | 3 | 9 | 7 | 2 | 4 | 8 | 5 | 6 |
| 8 | 4 | 5 | 6 | 9 | 1 | 7 | 2 | 3 |
| 7 | 6 | 2 | 5 | 8 | 3 | 9 | 1 | 4 |
| 3 | 8 | 1 | 2 | 4 | 5 | 6 | 9 | 7 |
| 4 | 2 | 6 | 1 | 7 | 9 | 3 | 8 | 5 |
| 9 | 5 | 7 | 3 | 6 | 8 | 2 | 4 | 1 |
| 6 | 7 | 4 | 9 | 1 | 2 | 5 | 3 | 8 |
| 2 | 1 | 3 | 8 | 5 | 6 | 4 | 7 | 9 |
| 5 | 9 | 8 | 4 | 3 | 7 | 1 | 6 | 2 |

## 134

| 6 | 4 | 8 | 1 | 3 | 2 | 7 | 9 | 5 |
| 2 | 9 | 5 | 8 | 7 | 4 | 6 | 1 | 3 |
| 3 | 7 | 1 | 9 | 6 | 5 | 2 | 4 | 8 |
| 4 | 3 | 6 | 2 | 5 | 8 | 1 | 7 | 9 |
| 5 | 1 | 2 | 7 | 9 | 6 | 3 | 8 | 4 |
| 7 | 8 | 9 | 4 | 1 | 3 | 5 | 2 | 6 |
| 8 | 6 | 4 | 3 | 2 | 7 | 9 | 5 | 1 |
| 9 | 2 | 3 | 5 | 4 | 1 | 8 | 6 | 7 |
| 1 | 5 | 7 | 6 | 8 | 9 | 4 | 3 | 2 |

## 135

| 6 | 9 | 2 | 4 | 3 | 5 | 7 | 1 | 8 |
| 1 | 7 | 8 | 6 | 2 | 9 | 5 | 4 | 3 |
| 4 | 5 | 3 | 8 | 1 | 7 | 6 | 2 | 9 |
| 5 | 4 | 9 | 3 | 6 | 1 | 2 | 8 | 7 |
| 3 | 1 | 6 | 2 | 7 | 8 | 4 | 9 | 5 |
| 2 | 8 | 7 | 9 | 5 | 4 | 3 | 6 | 1 |
| 9 | 6 | 1 | 7 | 4 | 3 | 8 | 5 | 2 |
| 8 | 3 | 4 | 5 | 9 | 2 | 1 | 7 | 6 |
| 7 | 2 | 5 | 1 | 8 | 6 | 9 | 3 | 4 |

## 136

| 8 | 9 | 5 | 3 | 4 | 1 | 2 | 7 | 6 |
| 4 | 7 | 2 | 5 | 9 | 6 | 1 | 8 | 3 |
| 6 | 3 | 1 | 7 | 8 | 2 | 4 | 9 | 5 |
| 5 | 6 | 7 | 8 | 1 | 3 | 9 | 2 | 4 |
| 2 | 1 | 8 | 4 | 5 | 9 | 6 | 3 | 7 |
| 3 | 4 | 9 | 2 | 6 | 7 | 8 | 5 | 1 |
| 9 | 8 | 4 | 1 | 3 | 5 | 7 | 6 | 2 |
| 7 | 5 | 6 | 9 | 2 | 4 | 3 | 1 | 8 |
| 1 | 2 | 3 | 6 | 7 | 8 | 5 | 4 | 9 |

## 137

| 8 | 7 | 1 | 5 | 2 | 9 | 6 | 3 | 4 |
| 3 | 6 | 9 | 4 | 8 | 7 | 5 | 2 | 1 |
| 5 | 4 | 2 | 3 | 6 | 1 | 8 | 7 | 9 |
| 4 | 9 | 5 | 8 | 1 | 3 | 7 | 6 | 2 |
| 2 | 8 | 3 | 7 | 4 | 6 | 9 | 1 | 5 |
| 6 | 1 | 7 | 9 | 5 | 2 | 4 | 8 | 3 |
| 1 | 5 | 6 | 2 | 7 | 4 | 3 | 9 | 8 |
| 9 | 2 | 8 | 6 | 3 | 5 | 1 | 4 | 7 |
| 7 | 3 | 4 | 1 | 9 | 8 | 2 | 5 | 6 |

## 138

| 2 | 1 | 8 | 6 | 4 | 3 | 9 | 5 | 7 |
| 7 | 9 | 6 | 1 | 5 | 2 | 3 | 4 | 8 |
| 3 | 4 | 5 | 8 | 7 | 9 | 2 | 1 | 6 |
| 6 | 8 | 4 | 2 | 9 | 5 | 1 | 7 | 3 |
| 1 | 2 | 3 | 4 | 6 | 7 | 5 | 8 | 9 |
| 9 | 5 | 7 | 3 | 8 | 1 | 4 | 6 | 2 |
| 5 | 3 | 9 | 7 | 1 | 6 | 8 | 2 | 4 |
| 8 | 6 | 1 | 9 | 2 | 4 | 7 | 3 | 5 |
| 4 | 7 | 2 | 5 | 3 | 8 | 6 | 9 | 1 |

## 139

| 1 | 5 | 6 | 9 | 7 | 4 | 2 | 3 | 8 |
| 7 | 4 | 8 | 6 | 2 | 3 | 9 | 1 | 5 |
| 9 | 3 | 2 | 8 | 1 | 5 | 4 | 7 | 6 |
| 8 | 2 | 7 | 5 | 6 | 9 | 1 | 4 | 3 |
| 5 | 9 | 4 | 1 | 3 | 8 | 7 | 6 | 2 |
| 3 | 6 | 1 | 2 | 4 | 7 | 5 | 8 | 9 |
| 2 | 8 | 3 | 4 | 5 | 1 | 6 | 9 | 7 |
| 4 | 7 | 5 | 3 | 9 | 6 | 8 | 2 | 1 |
| 6 | 1 | 9 | 7 | 8 | 2 | 3 | 5 | 4 |

## 140

| 5 | 8 | 4 | 9 | 1 | 3 | 7 | 6 | 2 |
| 7 | 3 | 9 | 2 | 8 | 6 | 4 | 5 | 1 |
| 6 | 1 | 2 | 5 | 7 | 4 | 3 | 8 | 9 |
| 4 | 6 | 8 | 7 | 5 | 2 | 9 | 1 | 3 |
| 3 | 9 | 1 | 6 | 4 | 8 | 5 | 2 | 7 |
| 2 | 7 | 5 | 3 | 9 | 1 | 8 | 4 | 6 |
| 8 | 4 | 3 | 1 | 6 | 7 | 2 | 9 | 5 |
| 1 | 5 | 7 | 8 | 2 | 9 | 6 | 3 | 4 |
| 9 | 2 | 6 | 4 | 3 | 5 | 1 | 7 | 8 |

## 141

| 7 | 6 | 8 | 9 | 4 | 5 | 2 | 1 | 3 |
| 2 | 4 | 3 | 6 | 1 | 7 | 9 | 5 | 8 |
| 9 | 5 | 1 | 8 | 3 | 2 | 4 | 6 | 7 |
| 5 | 8 | 4 | 3 | 2 | 9 | 6 | 7 | 1 |
| 3 | 9 | 7 | 4 | 6 | 1 | 5 | 8 | 2 |
| 1 | 2 | 6 | 5 | 7 | 8 | 3 | 9 | 4 |
| 8 | 7 | 5 | 2 | 9 | 4 | 1 | 3 | 6 |
| 6 | 1 | 2 | 7 | 5 | 3 | 8 | 4 | 9 |
| 4 | 3 | 9 | 1 | 8 | 6 | 7 | 2 | 5 |

## 142

| 4 | 1 | 3 | 2 | 6 | 7 | 9 | 5 | 8 |
| 9 | 8 | 7 | 1 | 5 | 4 | 6 | 2 | 3 |
| 2 | 6 | 5 | 8 | 3 | 9 | 4 | 1 | 7 |
| 8 | 5 | 4 | 7 | 2 | 6 | 3 | 9 | 1 |
| 7 | 3 | 6 | 9 | 1 | 5 | 8 | 4 | 2 |
| 1 | 2 | 9 | 3 | 4 | 8 | 7 | 6 | 5 |
| 6 | 4 | 8 | 5 | 7 | 2 | 1 | 3 | 9 |
| 3 | 7 | 2 | 6 | 9 | 1 | 5 | 8 | 4 |
| 5 | 9 | 1 | 4 | 8 | 3 | 2 | 7 | 6 |

## 143

| 7 | 9 | 3 | 4 | 6 | 1 | 8 | 2 | 5 |
| 4 | 6 | 8 | 5 | 7 | 2 | 1 | 3 | 9 |
| 1 | 5 | 2 | 9 | 3 | 8 | 7 | 6 | 4 |
| 5 | 7 | 6 | 2 | 8 | 4 | 9 | 1 | 3 |
| 8 | 3 | 9 | 6 | 1 | 5 | 4 | 7 | 2 |
| 2 | 1 | 4 | 3 | 9 | 7 | 5 | 8 | 6 |
| 6 | 8 | 5 | 7 | 2 | 9 | 3 | 4 | 1 |
| 3 | 4 | 1 | 8 | 5 | 6 | 2 | 9 | 7 |
| 9 | 2 | 7 | 1 | 4 | 3 | 6 | 5 | 8 |

## 144

| 7 | 3 | 2 | 4 | 8 | 6 | 9 | 1 | 5 |
| 8 | 1 | 9 | 2 | 7 | 5 | 4 | 3 | 6 |
| 6 | 5 | 4 | 1 | 3 | 9 | 7 | 8 | 2 |
| 9 | 7 | 8 | 6 | 5 | 1 | 2 | 4 | 3 |
| 4 | 2 | 3 | 7 | 9 | 8 | 5 | 6 | 1 |
| 1 | 6 | 5 | 3 | 4 | 2 | 8 | 7 | 9 |
| 2 | 9 | 1 | 8 | 6 | 7 | 3 | 5 | 4 |
| 3 | 8 | 6 | 5 | 2 | 4 | 1 | 9 | 7 |
| 5 | 4 | 7 | 9 | 1 | 3 | 6 | 2 | 8 |

## 145

| 6 | 2 | 1 | 3 | 5 | 7 | 9 | 4 | 8 |
|---|---|---|---|---|---|---|---|---|
| 4 | 5 | 9 | 6 | 2 | 8 | 3 | 7 | 1 |
| 3 | 7 | 8 | 1 | 9 | 4 | 6 | 5 | 2 |
| 9 | 8 | 6 | 7 | 1 | 3 | 5 | 2 | 4 |
| 7 | 3 | 4 | 5 | 6 | 2 | 8 | 1 | 9 |
| 5 | 1 | 2 | 4 | 8 | 9 | 7 | 6 | 3 |
| 8 | 4 | 5 | 2 | 3 | 6 | 1 | 9 | 7 |
| 2 | 6 | 3 | 9 | 7 | 1 | 4 | 8 | 5 |
| 1 | 9 | 7 | 8 | 4 | 5 | 2 | 3 | 6 |

## 146

| 6 | 7 | 5 | 1 | 2 | 8 | 9 | 3 | 4 |
|---|---|---|---|---|---|---|---|---|
| 2 | 8 | 4 | 3 | 9 | 5 | 7 | 6 | 1 |
| 1 | 9 | 3 | 7 | 4 | 6 | 2 | 8 | 5 |
| 9 | 2 | 1 | 4 | 8 | 7 | 3 | 5 | 6 |
| 5 | 4 | 6 | 9 | 1 | 3 | 8 | 7 | 2 |
| 8 | 3 | 7 | 6 | 5 | 2 | 4 | 1 | 9 |
| 3 | 5 | 8 | 2 | 6 | 9 | 1 | 4 | 7 |
| 4 | 6 | 2 | 8 | 7 | 1 | 5 | 9 | 3 |
| 7 | 1 | 9 | 5 | 3 | 4 | 6 | 2 | 8 |

## 147

| 2 | 6 | 3 | 4 | 8 | 1 | 9 | 7 | 5 |
|---|---|---|---|---|---|---|---|---|
| 8 | 4 | 7 | 9 | 5 | 3 | 6 | 1 | 2 |
| 9 | 5 | 1 | 2 | 6 | 7 | 3 | 4 | 8 |
| 6 | 1 | 8 | 7 | 9 | 2 | 5 | 3 | 4 |
| 7 | 3 | 5 | 1 | 4 | 6 | 8 | 2 | 9 |
| 4 | 9 | 2 | 8 | 3 | 5 | 1 | 6 | 7 |
| 3 | 2 | 9 | 5 | 1 | 4 | 7 | 8 | 6 |
| 1 | 8 | 4 | 6 | 7 | 9 | 2 | 5 | 3 |
| 5 | 7 | 6 | 3 | 2 | 8 | 4 | 9 | 1 |

## 148

| 7 | 9 | 4 | 8 | 5 | 3 | 1 | 6 | 2 |
|---|---|---|---|---|---|---|---|---|
| 5 | 1 | 6 | 2 | 7 | 9 | 4 | 8 | 3 |
| 2 | 8 | 3 | 6 | 1 | 4 | 9 | 7 | 5 |
| 6 | 7 | 8 | 3 | 9 | 1 | 2 | 5 | 4 |
| 4 | 3 | 1 | 7 | 2 | 5 | 8 | 9 | 6 |
| 9 | 2 | 5 | 4 | 6 | 8 | 7 | 3 | 1 |
| 1 | 6 | 9 | 5 | 4 | 7 | 3 | 2 | 8 |
| 3 | 4 | 2 | 9 | 8 | 6 | 5 | 1 | 7 |
| 8 | 5 | 7 | 1 | 3 | 2 | 6 | 4 | 9 |

## 149

| 8 | 1 | 7 | 9 | 5 | 2 | 3 | 6 | 4 |
|---|---|---|---|---|---|---|---|---|
| 2 | 5 | 3 | 6 | 4 | 8 | 1 | 9 | 7 |
| 4 | 9 | 6 | 3 | 7 | 1 | 2 | 8 | 5 |
| 9 | 8 | 5 | 1 | 2 | 6 | 4 | 7 | 3 |
| 1 | 3 | 4 | 5 | 8 | 7 | 9 | 2 | 6 |
| 7 | 6 | 2 | 4 | 9 | 3 | 5 | 1 | 8 |
| 3 | 4 | 8 | 7 | 1 | 9 | 6 | 5 | 2 |
| 6 | 2 | 9 | 8 | 3 | 5 | 7 | 4 | 1 |
| 5 | 7 | 1 | 2 | 6 | 4 | 8 | 3 | 9 |

## 150

| 4 | 9 | 1 | 3 | 8 | 7 | 5 | 2 | 6 |
|---|---|---|---|---|---|---|---|---|
| 6 | 2 | 5 | 4 | 1 | 9 | 8 | 3 | 7 |
| 3 | 8 | 7 | 5 | 2 | 6 | 4 | 1 | 9 |
| 8 | 3 | 6 | 2 | 9 | 5 | 7 | 4 | 1 |
| 7 | 4 | 9 | 1 | 6 | 3 | 2 | 5 | 8 |
| 5 | 1 | 2 | 8 | 7 | 4 | 9 | 6 | 3 |
| 1 | 7 | 8 | 6 | 4 | 2 | 3 | 9 | 5 |
| 9 | 5 | 4 | 7 | 3 | 1 | 6 | 8 | 2 |
| 2 | 6 | 3 | 9 | 5 | 8 | 1 | 7 | 4 |

## 151

| | | | | | | | | |
|---|---|---|---|---|---|---|---|---|
| 2 | 1 | 5 | 3 | 6 | 8 | 7 | 4 | 9 |
| 8 | 4 | 9 | 7 | 5 | 1 | 6 | 2 | 3 |
| 7 | 6 | 3 | 9 | 2 | 4 | 8 | 5 | 1 |
| 4 | 5 | 2 | 8 | 3 | 7 | 9 | 1 | 6 |
| 1 | 7 | 8 | 5 | 9 | 6 | 2 | 3 | 4 |
| 3 | 9 | 6 | 1 | 4 | 2 | 5 | 8 | 7 |
| 6 | 2 | 7 | 4 | 8 | 3 | 1 | 9 | 5 |
| 9 | 8 | 4 | 6 | 1 | 5 | 3 | 7 | 2 |
| 5 | 3 | 1 | 2 | 7 | 9 | 4 | 6 | 8 |

## 152

| | | | | | | | | |
|---|---|---|---|---|---|---|---|---|
| 5 | 6 | 2 | 3 | 1 | 8 | 9 | 4 | 7 |
| 9 | 8 | 1 | 4 | 7 | 6 | 2 | 5 | 3 |
| 4 | 3 | 7 | 2 | 9 | 5 | 1 | 6 | 8 |
| 2 | 1 | 3 | 7 | 5 | 9 | 6 | 8 | 4 |
| 6 | 4 | 5 | 1 | 8 | 2 | 7 | 3 | 9 |
| 7 | 9 | 8 | 6 | 3 | 4 | 5 | 1 | 2 |
| 8 | 2 | 4 | 9 | 6 | 1 | 3 | 7 | 5 |
| 3 | 5 | 6 | 8 | 2 | 7 | 4 | 9 | 1 |
| 1 | 7 | 9 | 5 | 4 | 3 | 8 | 2 | 6 |

## 153

| | | | | | | | | |
|---|---|---|---|---|---|---|---|---|
| 5 | 1 | 9 | 6 | 7 | 3 | 8 | 2 | 4 |
| 3 | 6 | 2 | 4 | 8 | 1 | 7 | 5 | 9 |
| 8 | 7 | 4 | 5 | 2 | 9 | 6 | 3 | 1 |
| 2 | 4 | 8 | 7 | 3 | 6 | 9 | 1 | 5 |
| 7 | 9 | 3 | 1 | 5 | 4 | 2 | 6 | 8 |
| 1 | 5 | 6 | 8 | 9 | 2 | 3 | 4 | 7 |
| 9 | 2 | 5 | 3 | 1 | 8 | 4 | 7 | 6 |
| 4 | 8 | 1 | 2 | 6 | 7 | 5 | 9 | 3 |
| 6 | 3 | 7 | 9 | 4 | 5 | 1 | 8 | 2 |

## 154

| | | | | | | | | |
|---|---|---|---|---|---|---|---|---|
| 5 | 9 | 4 | 2 | 1 | 7 | 3 | 8 | 6 |
| 1 | 8 | 3 | 5 | 4 | 6 | 2 | 7 | 9 |
| 6 | 7 | 2 | 3 | 8 | 9 | 4 | 5 | 1 |
| 8 | 2 | 7 | 1 | 3 | 5 | 6 | 9 | 4 |
| 3 | 1 | 5 | 6 | 9 | 4 | 8 | 2 | 7 |
| 4 | 6 | 9 | 7 | 2 | 8 | 5 | 1 | 3 |
| 9 | 5 | 6 | 4 | 7 | 2 | 1 | 3 | 8 |
| 2 | 3 | 8 | 9 | 6 | 1 | 7 | 4 | 5 |
| 7 | 4 | 1 | 8 | 5 | 3 | 9 | 6 | 2 |

## 155

| | | | | | | | | |
|---|---|---|---|---|---|---|---|---|
| 2 | 4 | 7 | 9 | 1 | 3 | 8 | 5 | 6 |
| 8 | 1 | 6 | 4 | 5 | 7 | 3 | 2 | 9 |
| 9 | 5 | 3 | 6 | 8 | 2 | 4 | 1 | 7 |
| 5 | 3 | 9 | 8 | 2 | 1 | 7 | 6 | 4 |
| 4 | 7 | 2 | 5 | 3 | 6 | 1 | 9 | 8 |
| 1 | 6 | 8 | 7 | 4 | 9 | 2 | 3 | 5 |
| 6 | 8 | 1 | 3 | 9 | 4 | 5 | 7 | 2 |
| 3 | 9 | 5 | 2 | 7 | 8 | 6 | 4 | 1 |
| 7 | 2 | 4 | 1 | 6 | 5 | 9 | 8 | 3 |

## 156

| | | | | | | | | |
|---|---|---|---|---|---|---|---|---|
| 1 | 6 | 4 | 9 | 8 | 3 | 5 | 2 | 7 |
| 7 | 8 | 9 | 4 | 2 | 5 | 3 | 6 | 1 |
| 3 | 5 | 2 | 1 | 6 | 7 | 4 | 8 | 9 |
| 2 | 7 | 6 | 3 | 5 | 4 | 9 | 1 | 8 |
| 4 | 3 | 1 | 6 | 9 | 8 | 7 | 5 | 2 |
| 5 | 9 | 8 | 2 | 7 | 1 | 6 | 3 | 4 |
| 8 | 4 | 5 | 7 | 3 | 2 | 1 | 9 | 6 |
| 6 | 2 | 7 | 5 | 1 | 9 | 8 | 4 | 3 |
| 9 | 1 | 3 | 8 | 4 | 6 | 2 | 7 | 5 |

## 157

| 8 | 5 | 6 | 1 | 9 | 3 | 2 | 7 | 4 |
|---|---|---|---|---|---|---|---|---|
| 3 | 1 | 7 | 2 | 8 | 4 | 6 | 9 | 5 |
| 2 | 4 | 9 | 5 | 7 | 6 | 3 | 8 | 1 |
| 1 | 7 | 2 | 8 | 4 | 5 | 9 | 3 | 6 |
| 9 | 8 | 5 | 3 | 6 | 1 | 7 | 4 | 2 |
| 6 | 3 | 4 | 9 | 2 | 7 | 5 | 1 | 8 |
| 7 | 2 | 3 | 4 | 5 | 8 | 1 | 6 | 9 |
| 4 | 9 | 1 | 6 | 3 | 2 | 8 | 5 | 7 |
| 5 | 6 | 8 | 7 | 1 | 9 | 4 | 2 | 3 |

## 158

| 6 | 3 | 8 | 1 | 4 | 5 | 7 | 9 | 2 |
|---|---|---|---|---|---|---|---|---|
| 9 | 7 | 5 | 8 | 2 | 3 | 4 | 6 | 1 |
| 2 | 4 | 1 | 7 | 6 | 9 | 5 | 8 | 3 |
| 8 | 2 | 9 | 6 | 5 | 7 | 1 | 3 | 4 |
| 1 | 6 | 7 | 4 | 3 | 8 | 9 | 2 | 5 |
| 4 | 5 | 3 | 9 | 1 | 2 | 6 | 7 | 8 |
| 3 | 8 | 6 | 5 | 9 | 1 | 2 | 4 | 7 |
| 5 | 9 | 2 | 3 | 7 | 4 | 8 | 1 | 6 |
| 7 | 1 | 4 | 2 | 8 | 6 | 3 | 5 | 9 |

## 159

| 3 | 5 | 9 | 6 | 1 | 7 | 2 | 4 | 8 |
|---|---|---|---|---|---|---|---|---|
| 7 | 6 | 2 | 4 | 8 | 5 | 9 | 1 | 3 |
| 8 | 1 | 4 | 2 | 3 | 9 | 6 | 5 | 7 |
| 4 | 9 | 1 | 7 | 5 | 2 | 3 | 8 | 6 |
| 5 | 7 | 6 | 8 | 9 | 3 | 1 | 2 | 4 |
| 2 | 3 | 8 | 1 | 6 | 4 | 7 | 9 | 5 |
| 6 | 4 | 7 | 9 | 2 | 8 | 5 | 3 | 1 |
| 9 | 8 | 5 | 3 | 7 | 1 | 4 | 6 | 2 |
| 1 | 2 | 3 | 5 | 4 | 6 | 8 | 7 | 9 |

## 160

| 8 | 3 | 4 | 6 | 1 | 9 | 2 | 5 | 7 |
|---|---|---|---|---|---|---|---|---|
| 5 | 6 | 2 | 7 | 8 | 3 | 9 | 1 | 4 |
| 1 | 9 | 7 | 2 | 4 | 5 | 6 | 8 | 3 |
| 7 | 2 | 5 | 4 | 9 | 8 | 3 | 6 | 1 |
| 3 | 4 | 8 | 1 | 6 | 7 | 5 | 2 | 9 |
| 6 | 1 | 9 | 3 | 5 | 2 | 7 | 4 | 8 |
| 9 | 7 | 1 | 5 | 2 | 4 | 8 | 3 | 6 |
| 2 | 8 | 6 | 9 | 3 | 1 | 4 | 7 | 5 |
| 4 | 5 | 3 | 8 | 7 | 6 | 1 | 9 | 2 |

## 161

| 8 | 4 | 3 | 6 | 5 | 9 | 2 | 7 | 1 |
|---|---|---|---|---|---|---|---|---|
| 6 | 1 | 9 | 7 | 2 | 4 | 5 | 3 | 8 |
| 5 | 7 | 2 | 8 | 3 | 1 | 6 | 4 | 9 |
| 4 | 9 | 6 | 5 | 1 | 7 | 8 | 2 | 3 |
| 2 | 5 | 7 | 3 | 9 | 8 | 1 | 6 | 4 |
| 1 | 3 | 8 | 4 | 6 | 2 | 7 | 9 | 5 |
| 3 | 2 | 1 | 9 | 8 | 6 | 4 | 5 | 7 |
| 7 | 8 | 5 | 2 | 4 | 3 | 9 | 1 | 6 |
| 9 | 6 | 4 | 1 | 7 | 5 | 3 | 8 | 2 |

## 162

| 6 | 5 | 8 | 7 | 3 | 2 | 4 | 1 | 9 |
|---|---|---|---|---|---|---|---|---|
| 7 | 9 | 1 | 4 | 8 | 6 | 2 | 5 | 3 |
| 4 | 3 | 2 | 5 | 1 | 9 | 6 | 7 | 8 |
| 1 | 8 | 4 | 9 | 7 | 3 | 5 | 6 | 2 |
| 9 | 6 | 5 | 2 | 4 | 8 | 7 | 3 | 1 |
| 2 | 7 | 3 | 6 | 5 | 1 | 8 | 9 | 4 |
| 8 | 2 | 9 | 3 | 6 | 5 | 1 | 4 | 7 |
| 5 | 1 | 7 | 8 | 9 | 4 | 3 | 2 | 6 |
| 3 | 4 | 6 | 1 | 2 | 7 | 9 | 8 | 5 |

## 163

| 2 | 1 | 7 | 4 | 5 | 8 | 9 | 6 | 3 |
|---|---|---|---|---|---|---|---|---|
| 9 | 6 | 5 | 3 | 1 | 7 | 8 | 4 | 2 |
| 8 | 4 | 3 | 2 | 9 | 6 | 5 | 7 | 1 |
| 3 | 2 | 8 | 1 | 4 | 5 | 6 | 9 | 7 |
| 7 | 9 | 4 | 6 | 8 | 3 | 1 | 2 | 5 |
| 6 | 5 | 1 | 9 | 7 | 2 | 4 | 3 | 8 |
| 4 | 8 | 6 | 7 | 3 | 1 | 2 | 5 | 9 |
| 1 | 7 | 2 | 5 | 6 | 9 | 3 | 8 | 4 |
| 5 | 3 | 9 | 8 | 2 | 4 | 7 | 1 | 6 |

## 164

| 6 | 2 | 4 | 3 | 7 | 8 | 1 | 5 | 9 |
|---|---|---|---|---|---|---|---|---|
| 5 | 8 | 3 | 6 | 9 | 1 | 2 | 7 | 4 |
| 7 | 9 | 1 | 5 | 2 | 4 | 3 | 8 | 6 |
| 8 | 3 | 9 | 1 | 5 | 7 | 6 | 4 | 2 |
| 1 | 4 | 7 | 8 | 6 | 2 | 9 | 3 | 5 |
| 2 | 6 | 5 | 9 | 4 | 3 | 8 | 1 | 7 |
| 9 | 1 | 6 | 7 | 3 | 5 | 4 | 2 | 8 |
| 4 | 5 | 8 | 2 | 1 | 9 | 7 | 6 | 3 |
| 3 | 7 | 2 | 4 | 8 | 6 | 5 | 9 | 1 |

## 165

| 4 | 2 | 7 | 1 | 3 | 6 | 9 | 5 | 8 |
|---|---|---|---|---|---|---|---|---|
| 3 | 6 | 9 | 4 | 5 | 8 | 7 | 2 | 1 |
| 5 | 1 | 8 | 7 | 9 | 2 | 6 | 3 | 4 |
| 2 | 3 | 4 | 8 | 6 | 1 | 5 | 7 | 9 |
| 1 | 8 | 6 | 9 | 7 | 5 | 3 | 4 | 2 |
| 7 | 9 | 5 | 2 | 4 | 3 | 1 | 8 | 6 |
| 6 | 4 | 2 | 5 | 1 | 7 | 8 | 9 | 3 |
| 9 | 7 | 1 | 3 | 8 | 4 | 2 | 6 | 5 |
| 8 | 5 | 3 | 6 | 2 | 9 | 4 | 1 | 7 |

## 166

| 4 | 7 | 3 | 1 | 8 | 9 | 6 | 2 | 5 |
|---|---|---|---|---|---|---|---|---|
| 1 | 9 | 8 | 6 | 5 | 2 | 3 | 7 | 4 |
| 6 | 5 | 2 | 7 | 3 | 4 | 1 | 8 | 9 |
| 2 | 3 | 4 | 8 | 9 | 6 | 7 | 5 | 1 |
| 5 | 8 | 6 | 4 | 1 | 7 | 2 | 9 | 3 |
| 7 | 1 | 9 | 5 | 2 | 3 | 8 | 4 | 6 |
| 8 | 6 | 7 | 9 | 4 | 1 | 5 | 3 | 2 |
| 3 | 4 | 1 | 2 | 7 | 5 | 9 | 6 | 8 |
| 9 | 2 | 5 | 3 | 6 | 8 | 4 | 1 | 7 |

## 167

| 8 | 1 | 7 | 5 | 9 | 2 | 3 | 4 | 6 |
|---|---|---|---|---|---|---|---|---|
| 2 | 6 | 9 | 4 | 8 | 3 | 1 | 5 | 7 |
| 3 | 4 | 5 | 6 | 7 | 1 | 9 | 8 | 2 |
| 5 | 3 | 6 | 1 | 2 | 7 | 8 | 9 | 4 |
| 1 | 7 | 4 | 9 | 6 | 8 | 2 | 3 | 5 |
| 9 | 2 | 8 | 3 | 5 | 4 | 7 | 6 | 1 |
| 6 | 5 | 1 | 7 | 3 | 9 | 4 | 2 | 8 |
| 4 | 8 | 3 | 2 | 1 | 5 | 6 | 7 | 9 |
| 7 | 9 | 2 | 8 | 4 | 6 | 5 | 1 | 3 |

## 168

| 5 | 6 | 3 | 4 | 2 | 9 | 7 | 1 | 8 |
|---|---|---|---|---|---|---|---|---|
| 7 | 9 | 4 | 8 | 6 | 1 | 3 | 2 | 5 |
| 1 | 2 | 8 | 5 | 7 | 3 | 4 | 9 | 6 |
| 3 | 8 | 6 | 7 | 9 | 5 | 2 | 4 | 1 |
| 9 | 7 | 1 | 6 | 4 | 2 | 8 | 5 | 3 |
| 4 | 5 | 2 | 3 | 1 | 8 | 6 | 7 | 9 |
| 6 | 3 | 7 | 9 | 5 | 4 | 1 | 8 | 2 |
| 8 | 1 | 9 | 2 | 3 | 7 | 5 | 6 | 4 |
| 2 | 4 | 5 | 1 | 8 | 6 | 9 | 3 | 7 |

## 169

| | | | | | | | | |
|---|---|---|---|---|---|---|---|---|
| 5 | 1 | 6 | 2 | 7 | 8 | 9 | 4 | 3 |
| 9 | 7 | 3 | 1 | 4 | 6 | 8 | 2 | 5 |
| 2 | 4 | 8 | 9 | 5 | 3 | 7 | 1 | 6 |
| 7 | 6 | 2 | 3 | 8 | 4 | 1 | 5 | 9 |
| 1 | 8 | 5 | 7 | 6 | 9 | 2 | 3 | 4 |
| 3 | 9 | 4 | 5 | 2 | 1 | 6 | 7 | 8 |
| 8 | 2 | 9 | 4 | 3 | 7 | 5 | 6 | 1 |
| 4 | 5 | 1 | 6 | 9 | 2 | 3 | 8 | 7 |
| 6 | 3 | 7 | 8 | 1 | 5 | 4 | 9 | 2 |

## 170

| | | | | | | | | |
|---|---|---|---|---|---|---|---|---|
| 9 | 3 | 1 | 6 | 5 | 7 | 4 | 2 | 8 |
| 2 | 4 | 5 | 9 | 8 | 1 | 7 | 3 | 6 |
| 7 | 8 | 6 | 2 | 3 | 4 | 1 | 9 | 5 |
| 6 | 1 | 9 | 7 | 2 | 5 | 8 | 4 | 3 |
| 8 | 7 | 3 | 4 | 1 | 6 | 9 | 5 | 2 |
| 5 | 2 | 4 | 8 | 9 | 3 | 6 | 7 | 1 |
| 3 | 5 | 8 | 1 | 7 | 9 | 2 | 6 | 4 |
| 4 | 9 | 2 | 5 | 6 | 8 | 3 | 1 | 7 |
| 1 | 6 | 7 | 3 | 4 | 2 | 5 | 8 | 9 |

## 171

| | | | | | | | | |
|---|---|---|---|---|---|---|---|---|
| 9 | 3 | 2 | 5 | 7 | 8 | 6 | 4 | 1 |
| 4 | 8 | 6 | 1 | 9 | 3 | 7 | 2 | 5 |
| 7 | 5 | 1 | 6 | 4 | 2 | 3 | 9 | 8 |
| 5 | 6 | 4 | 9 | 8 | 1 | 2 | 7 | 3 |
| 2 | 7 | 3 | 4 | 5 | 6 | 1 | 8 | 9 |
| 1 | 9 | 8 | 3 | 2 | 7 | 5 | 6 | 4 |
| 8 | 1 | 7 | 2 | 3 | 4 | 9 | 5 | 6 |
| 6 | 4 | 9 | 7 | 1 | 5 | 8 | 3 | 2 |
| 3 | 2 | 5 | 8 | 6 | 9 | 4 | 1 | 7 |

## 172

| | | | | | | | | |
|---|---|---|---|---|---|---|---|---|
| 3 | 8 | 7 | 9 | 5 | 2 | 6 | 1 | 4 |
| 6 | 2 | 9 | 7 | 1 | 4 | 5 | 3 | 8 |
| 5 | 1 | 4 | 8 | 3 | 6 | 2 | 9 | 7 |
| 9 | 3 | 1 | 2 | 4 | 7 | 8 | 6 | 5 |
| 4 | 7 | 8 | 5 | 6 | 9 | 3 | 2 | 1 |
| 2 | 6 | 5 | 1 | 8 | 3 | 7 | 4 | 9 |
| 8 | 5 | 3 | 4 | 2 | 1 | 9 | 7 | 6 |
| 1 | 9 | 6 | 3 | 7 | 5 | 4 | 8 | 2 |
| 7 | 4 | 2 | 6 | 9 | 8 | 1 | 5 | 3 |

## 173

| | | | | | | | | |
|---|---|---|---|---|---|---|---|---|
| 5 | 4 | 3 | 7 | 2 | 8 | 1 | 9 | 6 |
| 7 | 8 | 2 | 1 | 9 | 6 | 4 | 5 | 3 |
| 9 | 6 | 1 | 4 | 5 | 3 | 8 | 7 | 2 |
| 4 | 2 | 6 | 9 | 1 | 5 | 7 | 3 | 8 |
| 3 | 1 | 9 | 2 | 8 | 7 | 5 | 6 | 4 |
| 8 | 7 | 5 | 3 | 6 | 4 | 9 | 2 | 1 |
| 2 | 9 | 8 | 5 | 3 | 1 | 6 | 4 | 7 |
| 1 | 5 | 7 | 6 | 4 | 2 | 3 | 8 | 9 |
| 6 | 3 | 4 | 8 | 7 | 9 | 2 | 1 | 5 |

## 174

| | | | | | | | | |
|---|---|---|---|---|---|---|---|---|
| 5 | 7 | 3 | 1 | 4 | 8 | 9 | 2 | 6 |
| 6 | 2 | 9 | 7 | 5 | 3 | 1 | 8 | 4 |
| 4 | 8 | 1 | 2 | 9 | 6 | 5 | 3 | 7 |
| 2 | 1 | 5 | 4 | 6 | 7 | 8 | 9 | 3 |
| 7 | 3 | 4 | 9 | 8 | 1 | 2 | 6 | 5 |
| 8 | 9 | 6 | 3 | 2 | 5 | 4 | 7 | 1 |
| 1 | 5 | 2 | 6 | 3 | 9 | 7 | 4 | 8 |
| 9 | 6 | 7 | 8 | 1 | 4 | 3 | 5 | 2 |
| 3 | 4 | 8 | 5 | 7 | 2 | 6 | 1 | 9 |

## 175

| 5 | 3 | 2 | 7 | 1 | 4 | 9 | 8 | 6 |
|---|---|---|---|---|---|---|---|---|
| 1 | 9 | 4 | 6 | 8 | 3 | 5 | 7 | 2 |
| 7 | 6 | 8 | 9 | 2 | 5 | 3 | 1 | 4 |
| 4 | 5 | 7 | 8 | 9 | 2 | 1 | 6 | 3 |
| 8 | 1 | 9 | 3 | 7 | 6 | 4 | 2 | 5 |
| 6 | 2 | 3 | 4 | 5 | 1 | 8 | 9 | 7 |
| 3 | 8 | 1 | 5 | 6 | 7 | 2 | 4 | 9 |
| 2 | 7 | 5 | 1 | 4 | 9 | 6 | 3 | 8 |
| 9 | 4 | 6 | 2 | 3 | 8 | 7 | 5 | 1 |

## 176

| 9 | 4 | 1 | 7 | 3 | 5 | 6 | 8 | 2 |
|---|---|---|---|---|---|---|---|---|
| 5 | 8 | 3 | 2 | 9 | 6 | 1 | 4 | 7 |
| 6 | 7 | 2 | 1 | 8 | 4 | 9 | 5 | 3 |
| 1 | 5 | 7 | 3 | 6 | 8 | 4 | 2 | 9 |
| 2 | 9 | 4 | 5 | 7 | 1 | 8 | 3 | 6 |
| 3 | 6 | 8 | 4 | 2 | 9 | 5 | 7 | 1 |
| 8 | 3 | 6 | 9 | 5 | 7 | 2 | 1 | 4 |
| 7 | 1 | 5 | 6 | 4 | 2 | 3 | 9 | 8 |
| 4 | 2 | 9 | 8 | 1 | 3 | 7 | 6 | 5 |

## 177

| 1 | 4 | 7 | 5 | 2 | 6 | 9 | 8 | 3 |
|---|---|---|---|---|---|---|---|---|
| 2 | 3 | 6 | 9 | 8 | 7 | 5 | 4 | 1 |
| 5 | 8 | 9 | 4 | 1 | 3 | 2 | 7 | 6 |
| 7 | 5 | 1 | 6 | 3 | 4 | 8 | 9 | 2 |
| 9 | 6 | 4 | 8 | 5 | 2 | 1 | 3 | 7 |
| 8 | 2 | 3 | 7 | 9 | 1 | 4 | 6 | 5 |
| 3 | 7 | 2 | 1 | 4 | 9 | 6 | 5 | 8 |
| 6 | 9 | 5 | 2 | 7 | 8 | 3 | 1 | 4 |
| 4 | 1 | 8 | 3 | 6 | 5 | 7 | 2 | 9 |

## 178

| 2 | 6 | 5 | 8 | 9 | 4 | 1 | 3 | 7 |
|---|---|---|---|---|---|---|---|---|
| 3 | 9 | 4 | 1 | 2 | 7 | 5 | 8 | 6 |
| 1 | 8 | 7 | 5 | 6 | 3 | 9 | 2 | 4 |
| 7 | 1 | 9 | 4 | 8 | 6 | 3 | 5 | 2 |
| 4 | 2 | 8 | 3 | 5 | 1 | 7 | 6 | 9 |
| 6 | 5 | 3 | 2 | 7 | 9 | 4 | 1 | 8 |
| 8 | 7 | 1 | 6 | 4 | 5 | 2 | 9 | 3 |
| 5 | 4 | 6 | 9 | 3 | 2 | 8 | 7 | 1 |
| 9 | 3 | 2 | 7 | 1 | 8 | 6 | 4 | 5 |

## 179

| 6 | 7 | 3 | 9 | 5 | 2 | 4 | 8 | 1 |
|---|---|---|---|---|---|---|---|---|
| 4 | 8 | 5 | 6 | 1 | 7 | 9 | 2 | 3 |
| 9 | 2 | 1 | 3 | 8 | 4 | 5 | 7 | 6 |
| 7 | 6 | 8 | 5 | 4 | 9 | 3 | 1 | 2 |
| 2 | 3 | 4 | 7 | 6 | 1 | 8 | 5 | 9 |
| 1 | 5 | 9 | 2 | 3 | 8 | 7 | 6 | 4 |
| 5 | 4 | 7 | 1 | 2 | 3 | 6 | 9 | 8 |
| 3 | 1 | 6 | 8 | 9 | 5 | 2 | 4 | 7 |
| 8 | 9 | 2 | 4 | 7 | 6 | 1 | 3 | 5 |

## 180

| 5 | 9 | 7 | 6 | 2 | 1 | 4 | 3 | 8 |
|---|---|---|---|---|---|---|---|---|
| 3 | 6 | 8 | 5 | 4 | 9 | 1 | 2 | 7 |
| 4 | 1 | 2 | 8 | 3 | 7 | 5 | 9 | 6 |
| 2 | 7 | 5 | 1 | 6 | 8 | 9 | 4 | 3 |
| 8 | 4 | 1 | 9 | 5 | 3 | 7 | 6 | 2 |
| 9 | 3 | 6 | 4 | 7 | 2 | 8 | 1 | 5 |
| 6 | 5 | 9 | 2 | 8 | 4 | 3 | 7 | 1 |
| 1 | 2 | 3 | 7 | 9 | 5 | 6 | 8 | 4 |
| 7 | 8 | 4 | 3 | 1 | 6 | 2 | 5 | 9 |

**181**

| 9 | 5 | 8 | 6 | 1 | 2 | 3 | 7 | 4 |
|---|---|---|---|---|---|---|---|---|
| 7 | 1 | 2 | 5 | 4 | 3 | 6 | 9 | 8 |
| 4 | 6 | 3 | 7 | 8 | 9 | 5 | 1 | 2 |
| 8 | 7 | 1 | 9 | 3 | 6 | 4 | 2 | 5 |
| 5 | 3 | 9 | 2 | 7 | 4 | 1 | 8 | 6 |
| 2 | 4 | 6 | 8 | 5 | 1 | 9 | 3 | 7 |
| 6 | 9 | 4 | 1 | 2 | 7 | 8 | 5 | 3 |
| 1 | 2 | 5 | 3 | 6 | 8 | 7 | 4 | 9 |
| 3 | 8 | 7 | 4 | 9 | 5 | 2 | 6 | 1 |

**182**

| 4 | 7 | 6 | 8 | 2 | 5 | 3 | 1 | 9 |
|---|---|---|---|---|---|---|---|---|
| 9 | 1 | 3 | 6 | 4 | 7 | 2 | 5 | 8 |
| 5 | 8 | 2 | 3 | 9 | 1 | 6 | 4 | 7 |
| 3 | 4 | 8 | 7 | 5 | 6 | 1 | 9 | 2 |
| 1 | 2 | 7 | 4 | 3 | 9 | 8 | 6 | 5 |
| 6 | 5 | 9 | 1 | 8 | 2 | 7 | 3 | 4 |
| 7 | 3 | 5 | 9 | 1 | 8 | 4 | 2 | 6 |
| 8 | 9 | 1 | 2 | 6 | 4 | 5 | 7 | 3 |
| 2 | 6 | 4 | 5 | 7 | 3 | 9 | 8 | 1 |

**183**

| 8 | 1 | 9 | 3 | 6 | 7 | 5 | 4 | 2 |
|---|---|---|---|---|---|---|---|---|
| 4 | 5 | 7 | 8 | 9 | 2 | 1 | 3 | 6 |
| 3 | 2 | 6 | 5 | 4 | 1 | 9 | 7 | 8 |
| 6 | 8 | 5 | 4 | 7 | 9 | 2 | 1 | 3 |
| 7 | 4 | 2 | 1 | 3 | 8 | 6 | 9 | 5 |
| 9 | 3 | 1 | 6 | 2 | 5 | 4 | 8 | 7 |
| 2 | 7 | 8 | 9 | 1 | 6 | 3 | 5 | 4 |
| 5 | 9 | 4 | 2 | 8 | 3 | 7 | 6 | 1 |
| 1 | 6 | 3 | 7 | 5 | 4 | 8 | 2 | 9 |

**184**

| 5 | 7 | 9 | 4 | 1 | 3 | 6 | 8 | 2 |
|---|---|---|---|---|---|---|---|---|
| 8 | 3 | 2 | 6 | 7 | 9 | 5 | 1 | 4 |
| 1 | 4 | 6 | 8 | 5 | 2 | 9 | 7 | 3 |
| 6 | 2 | 8 | 3 | 4 | 1 | 7 | 9 | 5 |
| 4 | 9 | 3 | 7 | 8 | 5 | 2 | 6 | 1 |
| 7 | 1 | 5 | 2 | 9 | 6 | 3 | 4 | 8 |
| 3 | 5 | 4 | 1 | 6 | 7 | 8 | 2 | 9 |
| 2 | 6 | 1 | 9 | 3 | 8 | 4 | 5 | 7 |
| 9 | 8 | 7 | 5 | 2 | 4 | 1 | 3 | 6 |

**185**

| 5 | 9 | 4 | 6 | 1 | 2 | 8 | 7 | 3 |
|---|---|---|---|---|---|---|---|---|
| 8 | 1 | 7 | 9 | 5 | 3 | 2 | 4 | 6 |
| 6 | 3 | 2 | 7 | 4 | 8 | 9 | 5 | 1 |
| 1 | 8 | 3 | 4 | 7 | 5 | 6 | 9 | 2 |
| 7 | 4 | 6 | 3 | 2 | 9 | 1 | 8 | 5 |
| 2 | 5 | 9 | 8 | 6 | 1 | 4 | 3 | 7 |
| 4 | 2 | 8 | 1 | 3 | 7 | 5 | 6 | 9 |
| 3 | 6 | 5 | 2 | 9 | 4 | 7 | 1 | 8 |
| 9 | 7 | 1 | 5 | 8 | 6 | 3 | 2 | 4 |

**186**

| 5 | 3 | 9 | 8 | 1 | 7 | 6 | 2 | 4 |
|---|---|---|---|---|---|---|---|---|
| 1 | 8 | 2 | 4 | 3 | 6 | 9 | 7 | 5 |
| 7 | 4 | 6 | 5 | 9 | 2 | 8 | 1 | 3 |
| 3 | 6 | 5 | 9 | 4 | 1 | 7 | 8 | 2 |
| 4 | 1 | 8 | 2 | 7 | 5 | 3 | 9 | 6 |
| 2 | 9 | 7 | 3 | 6 | 8 | 5 | 4 | 1 |
| 8 | 5 | 3 | 1 | 2 | 9 | 4 | 6 | 7 |
| 9 | 7 | 1 | 6 | 5 | 4 | 2 | 3 | 8 |
| 6 | 2 | 4 | 7 | 8 | 3 | 1 | 5 | 9 |

## 187

| 4 | 7 | 5 | 6 | 8 | 1 | 2 | 3 | 9 |
| 8 | 9 | 3 | 2 | 5 | 7 | 4 | 6 | 1 |
| 2 | 1 | 6 | 9 | 4 | 3 | 8 | 7 | 5 |
| 7 | 6 | 2 | 3 | 1 | 8 | 5 | 9 | 4 |
| 1 | 5 | 8 | 4 | 7 | 9 | 6 | 2 | 3 |
| 3 | 4 | 9 | 5 | 6 | 2 | 1 | 8 | 7 |
| 5 | 3 | 7 | 1 | 2 | 6 | 9 | 4 | 8 |
| 6 | 8 | 4 | 7 | 9 | 5 | 3 | 1 | 2 |
| 9 | 2 | 1 | 8 | 3 | 4 | 7 | 5 | 6 |

## 188

| 8 | 6 | 7 | 5 | 1 | 9 | 2 | 4 | 3 |
| 5 | 3 | 1 | 4 | 2 | 7 | 8 | 6 | 9 |
| 4 | 9 | 2 | 8 | 3 | 6 | 1 | 5 | 7 |
| 3 | 4 | 5 | 6 | 8 | 1 | 9 | 7 | 2 |
| 1 | 8 | 6 | 7 | 9 | 2 | 4 | 3 | 5 |
| 7 | 2 | 9 | 3 | 4 | 5 | 6 | 1 | 8 |
| 9 | 1 | 4 | 2 | 7 | 3 | 5 | 8 | 6 |
| 2 | 5 | 3 | 1 | 6 | 8 | 7 | 9 | 4 |
| 6 | 7 | 8 | 9 | 5 | 4 | 3 | 2 | 1 |

## 189

| 1 | 6 | 8 | 3 | 9 | 4 | 7 | 5 | 2 |
| 7 | 4 | 9 | 6 | 5 | 2 | 8 | 3 | 1 |
| 2 | 5 | 3 | 8 | 7 | 1 | 4 | 9 | 6 |
| 8 | 9 | 6 | 5 | 2 | 7 | 3 | 1 | 4 |
| 3 | 1 | 5 | 4 | 8 | 9 | 6 | 2 | 7 |
| 4 | 7 | 2 | 1 | 3 | 6 | 9 | 8 | 5 |
| 6 | 2 | 1 | 9 | 4 | 3 | 5 | 7 | 8 |
| 5 | 3 | 4 | 7 | 1 | 8 | 2 | 6 | 9 |
| 9 | 8 | 7 | 2 | 6 | 5 | 1 | 4 | 3 |

## 190

| 9 | 5 | 4 | 2 | 1 | 6 | 3 | 8 | 7 |
| 6 | 3 | 1 | 7 | 8 | 5 | 9 | 4 | 2 |
| 8 | 2 | 7 | 3 | 4 | 9 | 1 | 5 | 6 |
| 7 | 4 | 6 | 1 | 3 | 2 | 5 | 9 | 8 |
| 3 | 9 | 2 | 5 | 7 | 8 | 4 | 6 | 1 |
| 5 | 1 | 8 | 6 | 9 | 4 | 7 | 2 | 3 |
| 1 | 8 | 5 | 4 | 6 | 7 | 2 | 3 | 9 |
| 4 | 6 | 3 | 9 | 2 | 1 | 8 | 7 | 5 |
| 2 | 7 | 9 | 8 | 5 | 3 | 6 | 1 | 4 |

## 191

| 2 | 4 | 9 | 8 | 6 | 1 | 5 | 7 | 3 |
| 8 | 6 | 3 | 7 | 5 | 9 | 4 | 1 | 2 |
| 1 | 5 | 7 | 4 | 2 | 3 | 6 | 8 | 9 |
| 7 | 8 | 6 | 1 | 3 | 4 | 2 | 9 | 5 |
| 9 | 1 | 4 | 5 | 8 | 2 | 7 | 3 | 6 |
| 5 | 3 | 2 | 6 | 9 | 7 | 1 | 4 | 8 |
| 6 | 2 | 1 | 9 | 7 | 8 | 3 | 5 | 4 |
| 4 | 9 | 5 | 3 | 1 | 6 | 8 | 2 | 7 |
| 3 | 7 | 8 | 2 | 4 | 5 | 9 | 6 | 1 |

## 192

| 7 | 8 | 9 | 6 | 5 | 4 | 3 | 2 | 1 |
| 5 | 6 | 3 | 7 | 1 | 2 | 8 | 4 | 9 |
| 4 | 2 | 1 | 8 | 3 | 9 | 7 | 6 | 5 |
| 8 | 9 | 2 | 1 | 7 | 3 | 6 | 5 | 4 |
| 6 | 3 | 4 | 5 | 9 | 8 | 1 | 7 | 2 |
| 1 | 7 | 5 | 2 | 4 | 6 | 9 | 3 | 8 |
| 9 | 5 | 8 | 3 | 2 | 7 | 4 | 1 | 6 |
| 3 | 1 | 6 | 4 | 8 | 5 | 2 | 9 | 7 |
| 2 | 4 | 7 | 9 | 6 | 1 | 5 | 8 | 3 |

## 193

| 7 | 8 | 5 | 9 | 6 | 3 | 4 | 1 | 2 |
|---|---|---|---|---|---|---|---|---|
| 9 | 3 | 6 | 1 | 2 | 4 | 7 | 5 | 8 |
| 4 | 2 | 1 | 7 | 8 | 5 | 6 | 3 | 9 |
| 6 | 4 | 3 | 2 | 5 | 1 | 9 | 8 | 7 |
| 1 | 9 | 8 | 6 | 4 | 7 | 5 | 2 | 3 |
| 2 | 5 | 7 | 3 | 9 | 8 | 1 | 4 | 6 |
| 3 | 1 | 2 | 4 | 7 | 9 | 8 | 6 | 5 |
| 5 | 7 | 4 | 8 | 3 | 6 | 2 | 9 | 1 |
| 8 | 6 | 9 | 5 | 1 | 2 | 3 | 7 | 4 |

## 194

| 1 | 5 | 9 | 6 | 8 | 4 | 2 | 3 | 7 |
|---|---|---|---|---|---|---|---|---|
| 4 | 3 | 7 | 5 | 2 | 1 | 9 | 8 | 6 |
| 2 | 8 | 6 | 3 | 7 | 9 | 4 | 1 | 5 |
| 5 | 4 | 3 | 9 | 6 | 2 | 1 | 7 | 8 |
| 8 | 9 | 1 | 7 | 4 | 3 | 6 | 5 | 2 |
| 6 | 7 | 2 | 8 | 1 | 5 | 3 | 9 | 4 |
| 9 | 2 | 5 | 4 | 3 | 7 | 8 | 6 | 1 |
| 7 | 6 | 4 | 1 | 9 | 8 | 5 | 2 | 3 |
| 3 | 1 | 8 | 2 | 5 | 6 | 7 | 4 | 9 |

## 195

| 6 | 4 | 5 | 9 | 1 | 2 | 7 | 8 | 3 |
|---|---|---|---|---|---|---|---|---|
| 9 | 1 | 3 | 7 | 6 | 8 | 4 | 2 | 5 |
| 7 | 2 | 8 | 5 | 3 | 4 | 1 | 9 | 6 |
| 2 | 8 | 7 | 6 | 5 | 9 | 3 | 1 | 4 |
| 4 | 3 | 9 | 8 | 7 | 1 | 6 | 5 | 2 |
| 1 | 5 | 6 | 4 | 2 | 3 | 8 | 7 | 9 |
| 3 | 9 | 4 | 1 | 8 | 5 | 2 | 6 | 7 |
| 5 | 6 | 1 | 2 | 4 | 7 | 9 | 3 | 8 |
| 8 | 7 | 2 | 3 | 9 | 6 | 5 | 4 | 1 |

## 196

| 6 | 4 | 8 | 3 | 7 | 9 | 1 | 2 | 5 |
|---|---|---|---|---|---|---|---|---|
| 2 | 3 | 9 | 4 | 5 | 1 | 8 | 7 | 6 |
| 7 | 1 | 5 | 6 | 2 | 8 | 3 | 9 | 4 |
| 9 | 8 | 1 | 5 | 6 | 3 | 2 | 4 | 7 |
| 5 | 6 | 4 | 2 | 8 | 7 | 9 | 3 | 1 |
| 3 | 2 | 7 | 1 | 9 | 4 | 6 | 5 | 8 |
| 8 | 5 | 6 | 7 | 3 | 2 | 4 | 1 | 9 |
| 1 | 9 | 2 | 8 | 4 | 5 | 7 | 6 | 3 |
| 4 | 7 | 3 | 9 | 1 | 6 | 5 | 8 | 2 |

## 197

| 4 | 3 | 2 | 9 | 7 | 5 | 1 | 8 | 6 |
|---|---|---|---|---|---|---|---|---|
| 8 | 5 | 9 | 4 | 1 | 6 | 2 | 7 | 3 |
| 1 | 6 | 7 | 3 | 8 | 2 | 5 | 9 | 4 |
| 2 | 9 | 8 | 5 | 6 | 1 | 3 | 4 | 7 |
| 6 | 7 | 5 | 2 | 4 | 3 | 9 | 1 | 8 |
| 3 | 1 | 4 | 7 | 9 | 8 | 6 | 5 | 2 |
| 7 | 2 | 6 | 1 | 5 | 4 | 8 | 3 | 9 |
| 5 | 4 | 3 | 8 | 2 | 9 | 7 | 6 | 1 |
| 9 | 8 | 1 | 6 | 3 | 7 | 4 | 2 | 5 |

## 198

| 6 | 7 | 8 | 5 | 9 | 2 | 4 | 3 | 1 |
|---|---|---|---|---|---|---|---|---|
| 2 | 3 | 5 | 4 | 1 | 8 | 6 | 7 | 9 |
| 9 | 1 | 4 | 3 | 7 | 6 | 8 | 5 | 2 |
| 7 | 5 | 1 | 8 | 3 | 9 | 2 | 6 | 4 |
| 8 | 4 | 2 | 6 | 5 | 7 | 1 | 9 | 3 |
| 3 | 6 | 9 | 2 | 4 | 1 | 5 | 8 | 7 |
| 1 | 2 | 6 | 9 | 8 | 3 | 7 | 4 | 5 |
| 4 | 9 | 7 | 1 | 6 | 5 | 3 | 2 | 8 |
| 5 | 8 | 3 | 7 | 2 | 4 | 9 | 1 | 6 |

## 199

| 1 | 3 | 6 | 9 | 8 | 5 | 7 | 4 | 2 |
| 5 | 8 | 7 | 1 | 4 | 2 | 9 | 6 | 3 |
| 2 | 4 | 9 | 3 | 7 | 6 | 1 | 8 | 5 |
| 4 | 9 | 2 | 8 | 6 | 1 | 5 | 3 | 7 |
| 8 | 5 | 1 | 7 | 2 | 3 | 6 | 9 | 4 |
| 7 | 6 | 3 | 5 | 9 | 4 | 2 | 1 | 8 |
| 3 | 7 | 4 | 2 | 1 | 9 | 8 | 5 | 6 |
| 9 | 2 | 5 | 6 | 3 | 8 | 4 | 7 | 1 |
| 6 | 1 | 8 | 4 | 5 | 7 | 3 | 2 | 9 |

## 200

| 8 | 4 | 9 | 2 | 3 | 7 | 6 | 1 | 5 |
| 7 | 6 | 2 | 1 | 5 | 9 | 4 | 3 | 8 |
| 5 | 1 | 3 | 8 | 4 | 6 | 7 | 9 | 2 |
| 4 | 8 | 7 | 9 | 2 | 5 | 3 | 6 | 1 |
| 6 | 2 | 1 | 3 | 7 | 4 | 5 | 8 | 9 |
| 9 | 3 | 5 | 6 | 1 | 8 | 2 | 4 | 7 |
| 1 | 7 | 6 | 4 | 9 | 2 | 8 | 5 | 3 |
| 3 | 5 | 8 | 7 | 6 | 1 | 9 | 2 | 4 |
| 2 | 9 | 4 | 5 | 8 | 3 | 1 | 7 | 6 |

## 201

| 3 | 7 | 1 | 5 | 9 | 6 | 2 | 4 | 8 |
| 2 | 6 | 4 | 7 | 3 | 8 | 5 | 9 | 1 |
| 5 | 8 | 9 | 1 | 4 | 2 | 3 | 6 | 7 |
| 4 | 9 | 6 | 3 | 8 | 7 | 1 | 2 | 5 |
| 1 | 5 | 8 | 2 | 6 | 9 | 4 | 7 | 3 |
| 7 | 3 | 2 | 4 | 1 | 5 | 6 | 8 | 9 |
| 6 | 4 | 7 | 8 | 5 | 3 | 9 | 1 | 2 |
| 8 | 1 | 3 | 9 | 2 | 4 | 7 | 5 | 6 |
| 9 | 2 | 5 | 6 | 7 | 1 | 8 | 3 | 4 |

## 202

| 9 | 7 | 8 | 2 | 4 | 6 | 5 | 3 | 1 |
| 1 | 4 | 2 | 5 | 3 | 7 | 6 | 8 | 9 |
| 3 | 6 | 5 | 8 | 1 | 9 | 4 | 7 | 2 |
| 6 | 5 | 3 | 4 | 7 | 1 | 2 | 9 | 8 |
| 7 | 8 | 9 | 3 | 6 | 2 | 1 | 4 | 5 |
| 4 | 2 | 1 | 9 | 8 | 5 | 7 | 6 | 3 |
| 2 | 3 | 7 | 1 | 9 | 4 | 8 | 5 | 6 |
| 8 | 1 | 6 | 7 | 5 | 3 | 9 | 2 | 4 |
| 5 | 9 | 4 | 6 | 2 | 8 | 3 | 1 | 7 |

## 203

| 5 | 4 | 9 | 6 | 2 | 8 | 1 | 3 | 7 |
| 6 | 2 | 8 | 3 | 7 | 1 | 5 | 9 | 4 |
| 7 | 3 | 1 | 4 | 5 | 9 | 2 | 8 | 6 |
| 2 | 1 | 5 | 8 | 4 | 6 | 3 | 7 | 9 |
| 4 | 8 | 3 | 1 | 9 | 7 | 6 | 2 | 5 |
| 9 | 7 | 6 | 5 | 3 | 2 | 4 | 1 | 8 |
| 8 | 5 | 2 | 7 | 1 | 4 | 9 | 6 | 3 |
| 3 | 9 | 7 | 2 | 6 | 5 | 8 | 4 | 1 |
| 1 | 6 | 4 | 9 | 8 | 3 | 7 | 5 | 2 |

## 204

| 3 | 8 | 4 | 1 | 7 | 5 | 2 | 6 | 9 |
| 2 | 9 | 5 | 6 | 4 | 8 | 3 | 1 | 7 |
| 6 | 1 | 7 | 2 | 3 | 9 | 8 | 4 | 5 |
| 9 | 4 | 8 | 5 | 2 | 3 | 6 | 7 | 1 |
| 5 | 6 | 2 | 7 | 8 | 1 | 9 | 3 | 4 |
| 7 | 3 | 1 | 4 | 9 | 6 | 5 | 8 | 2 |
| 4 | 5 | 6 | 3 | 1 | 2 | 7 | 9 | 8 |
| 1 | 2 | 9 | 8 | 6 | 7 | 4 | 5 | 3 |
| 8 | 7 | 3 | 9 | 5 | 4 | 1 | 2 | 6 |

## 205

| 6 | 2 | 7 | 3 | 1 | 9 | 8 | 5 | 4 |
| 1 | 4 | 8 | 5 | 2 | 7 | 3 | 6 | 9 |
| 9 | 5 | 3 | 4 | 6 | 8 | 2 | 7 | 1 |
| 7 | 8 | 9 | 1 | 5 | 3 | 4 | 2 | 6 |
| 2 | 3 | 1 | 7 | 4 | 6 | 5 | 9 | 8 |
| 5 | 6 | 4 | 9 | 8 | 2 | 7 | 1 | 3 |
| 3 | 7 | 2 | 8 | 9 | 1 | 6 | 4 | 5 |
| 8 | 1 | 5 | 6 | 7 | 4 | 9 | 3 | 2 |
| 4 | 9 | 6 | 2 | 3 | 5 | 1 | 8 | 7 |

## 206

| 8 | 2 | 9 | 3 | 5 | 4 | 7 | 1 | 6 |
| 6 | 7 | 1 | 8 | 9 | 2 | 5 | 3 | 4 |
| 4 | 3 | 5 | 6 | 7 | 1 | 9 | 8 | 2 |
| 2 | 9 | 4 | 5 | 6 | 3 | 8 | 7 | 1 |
| 1 | 5 | 7 | 4 | 2 | 8 | 3 | 6 | 9 |
| 3 | 6 | 8 | 7 | 1 | 9 | 4 | 2 | 5 |
| 5 | 8 | 6 | 1 | 4 | 7 | 2 | 9 | 3 |
| 9 | 1 | 3 | 2 | 8 | 5 | 6 | 4 | 7 |
| 7 | 4 | 2 | 9 | 3 | 6 | 1 | 5 | 8 |

## 207

| 5 | 8 | 3 | 4 | 2 | 9 | 6 | 7 | 1 |
| 6 | 7 | 4 | 3 | 1 | 8 | 5 | 2 | 9 |
| 1 | 2 | 9 | 7 | 6 | 5 | 8 | 4 | 3 |
| 8 | 5 | 7 | 9 | 3 | 6 | 2 | 1 | 4 |
| 4 | 6 | 1 | 5 | 7 | 2 | 3 | 9 | 8 |
| 3 | 9 | 2 | 8 | 4 | 1 | 7 | 5 | 6 |
| 7 | 1 | 5 | 6 | 9 | 3 | 4 | 8 | 2 |
| 2 | 3 | 8 | 1 | 5 | 4 | 9 | 6 | 7 |
| 9 | 4 | 6 | 2 | 8 | 7 | 1 | 3 | 5 |

## 208

| 5 | 4 | 3 | 6 | 7 | 9 | 8 | 2 | 1 |
| 9 | 1 | 2 | 5 | 4 | 8 | 7 | 6 | 3 |
| 6 | 8 | 7 | 1 | 3 | 2 | 9 | 5 | 4 |
| 8 | 6 | 5 | 3 | 9 | 4 | 2 | 1 | 7 |
| 2 | 3 | 9 | 7 | 5 | 1 | 6 | 4 | 8 |
| 4 | 7 | 1 | 8 | 2 | 6 | 5 | 3 | 9 |
| 1 | 5 | 6 | 9 | 8 | 3 | 4 | 7 | 2 |
| 7 | 9 | 4 | 2 | 1 | 5 | 3 | 8 | 6 |
| 3 | 2 | 8 | 4 | 6 | 7 | 1 | 9 | 5 |

## 209

| 3 | 7 | 5 | 4 | 8 | 9 | 2 | 1 | 6 |
| 6 | 1 | 9 | 2 | 7 | 3 | 4 | 8 | 5 |
| 8 | 2 | 4 | 5 | 1 | 6 | 7 | 3 | 9 |
| 9 | 8 | 2 | 1 | 5 | 7 | 3 | 6 | 4 |
| 1 | 5 | 7 | 3 | 6 | 4 | 8 | 9 | 2 |
| 4 | 3 | 6 | 8 | 9 | 2 | 1 | 5 | 7 |
| 2 | 4 | 8 | 9 | 3 | 5 | 6 | 7 | 1 |
| 7 | 9 | 3 | 6 | 2 | 1 | 5 | 4 | 8 |
| 5 | 6 | 1 | 7 | 4 | 8 | 9 | 2 | 3 |

## 210

| 2 | 6 | 9 | 3 | 8 | 4 | 1 | 5 | 7 |
| 5 | 1 | 4 | 9 | 7 | 2 | 8 | 6 | 3 |
| 7 | 3 | 8 | 5 | 6 | 1 | 2 | 4 | 9 |
| 3 | 2 | 1 | 6 | 5 | 9 | 7 | 8 | 4 |
| 9 | 4 | 5 | 7 | 1 | 8 | 3 | 2 | 6 |
| 8 | 7 | 6 | 4 | 2 | 3 | 9 | 1 | 5 |
| 6 | 8 | 3 | 2 | 4 | 7 | 5 | 9 | 1 |
| 4 | 9 | 2 | 1 | 3 | 5 | 6 | 7 | 8 |
| 1 | 5 | 7 | 8 | 9 | 6 | 4 | 3 | 2 |

## 211

| 7 | 9 | 8 | 3 | 4 | 1 | 6 | 2 | 5 |
| 3 | 1 | 6 | 2 | 5 | 9 | 7 | 4 | 8 |
| 2 | 5 | 4 | 8 | 7 | 6 | 9 | 1 | 3 |
| 8 | 3 | 5 | 9 | 1 | 7 | 4 | 6 | 2 |
| 1 | 4 | 2 | 6 | 3 | 5 | 8 | 7 | 9 |
| 6 | 7 | 9 | 4 | 8 | 2 | 5 | 3 | 1 |
| 4 | 6 | 1 | 5 | 9 | 3 | 2 | 8 | 7 |
| 5 | 8 | 7 | 1 | 2 | 4 | 3 | 9 | 6 |
| 9 | 2 | 3 | 7 | 6 | 8 | 1 | 5 | 4 |

## 212

| 9 | 2 | 5 | 6 | 4 | 8 | 3 | 7 | 1 |
| 1 | 3 | 4 | 9 | 7 | 5 | 2 | 6 | 8 |
| 6 | 7 | 8 | 1 | 3 | 2 | 9 | 5 | 4 |
| 7 | 5 | 2 | 8 | 6 | 9 | 4 | 1 | 3 |
| 4 | 9 | 6 | 3 | 5 | 1 | 7 | 8 | 2 |
| 3 | 8 | 1 | 7 | 2 | 4 | 6 | 9 | 5 |
| 8 | 4 | 9 | 2 | 1 | 6 | 5 | 3 | 7 |
| 5 | 6 | 3 | 4 | 8 | 7 | 1 | 2 | 9 |
| 2 | 1 | 7 | 5 | 9 | 3 | 8 | 4 | 6 |

## 213

| 3 | 4 | 6 | 5 | 1 | 9 | 7 | 8 | 2 |
| 1 | 8 | 5 | 7 | 2 | 3 | 9 | 6 | 4 |
| 7 | 9 | 2 | 8 | 6 | 4 | 5 | 3 | 1 |
| 9 | 5 | 8 | 6 | 7 | 2 | 4 | 1 | 3 |
| 2 | 7 | 1 | 4 | 3 | 5 | 6 | 9 | 8 |
| 4 | 6 | 3 | 9 | 8 | 1 | 2 | 7 | 5 |
| 6 | 2 | 9 | 1 | 5 | 8 | 3 | 4 | 7 |
| 8 | 3 | 4 | 2 | 9 | 7 | 1 | 5 | 6 |
| 5 | 1 | 7 | 3 | 4 | 6 | 8 | 2 | 9 |

## 214

| 1 | 3 | 2 | 6 | 4 | 5 | 9 | 7 | 8 |
| 6 | 4 | 8 | 2 | 7 | 9 | 1 | 3 | 5 |
| 7 | 9 | 5 | 8 | 3 | 1 | 4 | 6 | 2 |
| 3 | 1 | 7 | 5 | 8 | 4 | 6 | 2 | 9 |
| 5 | 8 | 9 | 7 | 2 | 6 | 3 | 4 | 1 |
| 2 | 6 | 4 | 1 | 9 | 3 | 8 | 5 | 7 |
| 8 | 7 | 6 | 3 | 1 | 2 | 5 | 9 | 4 |
| 4 | 5 | 1 | 9 | 6 | 7 | 2 | 8 | 3 |
| 9 | 2 | 3 | 4 | 5 | 8 | 7 | 1 | 6 |

## 215

| 8 | 9 | 7 | 5 | 3 | 6 | 2 | 1 | 4 |
| 6 | 1 | 5 | 2 | 9 | 4 | 3 | 7 | 8 |
| 3 | 2 | 4 | 8 | 7 | 1 | 9 | 5 | 6 |
| 2 | 7 | 3 | 9 | 6 | 5 | 4 | 8 | 1 |
| 9 | 4 | 6 | 7 | 1 | 8 | 5 | 3 | 2 |
| 1 | 5 | 8 | 4 | 2 | 3 | 6 | 9 | 7 |
| 7 | 6 | 2 | 1 | 5 | 9 | 8 | 4 | 3 |
| 4 | 3 | 9 | 6 | 8 | 7 | 1 | 2 | 5 |
| 5 | 8 | 1 | 3 | 4 | 2 | 7 | 6 | 9 |

## 216

| 5 | 3 | 4 | 9 | 7 | 8 | 2 | 1 | 6 |
| 1 | 6 | 9 | 4 | 2 | 3 | 5 | 8 | 7 |
| 7 | 2 | 8 | 6 | 5 | 1 | 3 | 9 | 4 |
| 4 | 1 | 5 | 7 | 3 | 6 | 8 | 2 | 9 |
| 3 | 9 | 6 | 8 | 4 | 2 | 1 | 7 | 5 |
| 2 | 8 | 7 | 1 | 9 | 5 | 4 | 6 | 3 |
| 6 | 7 | 2 | 5 | 1 | 4 | 9 | 3 | 8 |
| 8 | 5 | 3 | 2 | 6 | 9 | 7 | 4 | 1 |
| 9 | 4 | 1 | 3 | 8 | 7 | 6 | 5 | 2 |

## 217

| 7 | 3 | 1 | 2 | 4 | 8 | 9 | 6 | 5 |
|---|---|---|---|---|---|---|---|---|
| 9 | 4 | 6 | 7 | 1 | 5 | 8 | 3 | 2 |
| 8 | 2 | 5 | 6 | 3 | 9 | 7 | 1 | 4 |
| 2 | 5 | 7 | 4 | 8 | 6 | 1 | 9 | 3 |
| 1 | 6 | 3 | 9 | 7 | 2 | 4 | 5 | 8 |
| 4 | 8 | 9 | 1 | 5 | 3 | 2 | 7 | 6 |
| 5 | 1 | 4 | 8 | 6 | 7 | 3 | 2 | 9 |
| 3 | 9 | 8 | 5 | 2 | 1 | 6 | 4 | 7 |
| 6 | 7 | 2 | 3 | 9 | 4 | 5 | 8 | 1 |

## 218

| 4 | 6 | 9 | 5 | 1 | 2 | 7 | 8 | 3 |
|---|---|---|---|---|---|---|---|---|
| 5 | 2 | 8 | 7 | 6 | 3 | 4 | 9 | 1 |
| 3 | 1 | 7 | 8 | 9 | 4 | 6 | 2 | 5 |
| 2 | 8 | 5 | 9 | 3 | 7 | 1 | 6 | 4 |
| 9 | 3 | 6 | 2 | 4 | 1 | 8 | 5 | 7 |
| 7 | 4 | 1 | 6 | 5 | 8 | 9 | 3 | 2 |
| 1 | 9 | 3 | 4 | 8 | 5 | 2 | 7 | 6 |
| 8 | 5 | 2 | 1 | 7 | 6 | 3 | 4 | 9 |
| 6 | 7 | 4 | 3 | 2 | 9 | 5 | 1 | 8 |

## 219

| 3 | 8 | 6 | 1 | 7 | 4 | 5 | 2 | 9 |
|---|---|---|---|---|---|---|---|---|
| 5 | 2 | 7 | 3 | 6 | 9 | 4 | 8 | 1 |
| 4 | 9 | 1 | 2 | 5 | 8 | 6 | 7 | 3 |
| 9 | 3 | 2 | 6 | 4 | 1 | 7 | 5 | 8 |
| 8 | 1 | 4 | 5 | 9 | 7 | 2 | 3 | 6 |
| 6 | 7 | 5 | 8 | 3 | 2 | 9 | 1 | 4 |
| 1 | 5 | 8 | 4 | 2 | 6 | 3 | 9 | 7 |
| 7 | 6 | 3 | 9 | 8 | 5 | 1 | 4 | 2 |
| 2 | 4 | 9 | 7 | 1 | 3 | 8 | 6 | 5 |

## 220

| 5 | 8 | 1 | 7 | 6 | 2 | 3 | 9 | 4 |
|---|---|---|---|---|---|---|---|---|
| 9 | 7 | 6 | 4 | 3 | 5 | 2 | 8 | 1 |
| 4 | 2 | 3 | 8 | 9 | 1 | 7 | 5 | 6 |
| 7 | 3 | 2 | 9 | 1 | 6 | 8 | 4 | 5 |
| 6 | 9 | 8 | 2 | 5 | 4 | 1 | 7 | 3 |
| 1 | 5 | 4 | 3 | 8 | 7 | 6 | 2 | 9 |
| 8 | 4 | 9 | 1 | 2 | 3 | 5 | 6 | 7 |
| 2 | 1 | 5 | 6 | 7 | 9 | 4 | 3 | 8 |
| 3 | 6 | 7 | 5 | 4 | 8 | 9 | 1 | 2 |

## 221

| 1 | 8 | 7 | 4 | 6 | 9 | 3 | 2 | 5 |
|---|---|---|---|---|---|---|---|---|
| 5 | 2 | 4 | 3 | 1 | 8 | 9 | 6 | 7 |
| 6 | 9 | 3 | 5 | 2 | 7 | 1 | 4 | 8 |
| 2 | 3 | 8 | 6 | 7 | 1 | 5 | 9 | 4 |
| 4 | 6 | 5 | 2 | 9 | 3 | 8 | 7 | 1 |
| 7 | 1 | 9 | 8 | 4 | 5 | 6 | 3 | 2 |
| 3 | 7 | 1 | 9 | 5 | 2 | 4 | 8 | 6 |
| 9 | 4 | 2 | 1 | 8 | 6 | 7 | 5 | 3 |
| 8 | 5 | 6 | 7 | 3 | 4 | 2 | 1 | 9 |

## 222

| 4 | 5 | 6 | 9 | 2 | 7 | 3 | 1 | 8 |
|---|---|---|---|---|---|---|---|---|
| 8 | 9 | 7 | 4 | 1 | 3 | 6 | 5 | 2 |
| 1 | 2 | 3 | 8 | 6 | 5 | 9 | 7 | 4 |
| 5 | 7 | 8 | 2 | 3 | 4 | 1 | 9 | 6 |
| 3 | 1 | 4 | 6 | 9 | 8 | 7 | 2 | 5 |
| 2 | 6 | 9 | 5 | 7 | 1 | 8 | 4 | 3 |
| 7 | 4 | 5 | 1 | 8 | 6 | 2 | 3 | 9 |
| 9 | 8 | 1 | 3 | 5 | 2 | 4 | 6 | 7 |
| 6 | 3 | 2 | 7 | 4 | 9 | 5 | 8 | 1 |

## 223

| 5 | 7 | 3 | 6 | 9 | 2 | 4 | 8 | 1 |
|---|---|---|---|---|---|---|---|---|
| 4 | 9 | 8 | 3 | 1 | 5 | 6 | 7 | 2 |
| 6 | 2 | 1 | 7 | 4 | 8 | 3 | 9 | 5 |
| 8 | 1 | 4 | 9 | 2 | 6 | 7 | 5 | 3 |
| 7 | 5 | 6 | 1 | 8 | 3 | 9 | 2 | 4 |
| 2 | 3 | 9 | 5 | 7 | 4 | 1 | 6 | 8 |
| 3 | 6 | 2 | 4 | 5 | 9 | 8 | 1 | 7 |
| 9 | 8 | 7 | 2 | 3 | 1 | 5 | 4 | 6 |
| 1 | 4 | 5 | 8 | 6 | 7 | 2 | 3 | 9 |

## 224

| 8 | 7 | 5 | 3 | 4 | 1 | 9 | 6 | 2 |
|---|---|---|---|---|---|---|---|---|
| 2 | 1 | 4 | 6 | 9 | 7 | 5 | 3 | 8 |
| 6 | 9 | 3 | 5 | 2 | 8 | 1 | 4 | 7 |
| 4 | 6 | 9 | 8 | 1 | 2 | 3 | 7 | 5 |
| 5 | 2 | 1 | 7 | 3 | 4 | 8 | 9 | 6 |
| 3 | 8 | 7 | 9 | 6 | 5 | 2 | 1 | 4 |
| 7 | 5 | 6 | 1 | 8 | 9 | 4 | 2 | 3 |
| 1 | 3 | 2 | 4 | 5 | 6 | 7 | 8 | 9 |
| 9 | 4 | 8 | 2 | 7 | 3 | 6 | 5 | 1 |

## 225

| 3 | 5 | 4 | 8 | 9 | 2 | 1 | 6 | 7 |
|---|---|---|---|---|---|---|---|---|
| 2 | 1 | 9 | 4 | 6 | 7 | 5 | 3 | 8 |
| 6 | 8 | 7 | 3 | 1 | 5 | 9 | 2 | 4 |
| 1 | 7 | 2 | 6 | 4 | 8 | 3 | 9 | 5 |
| 4 | 6 | 3 | 1 | 5 | 9 | 7 | 8 | 2 |
| 5 | 9 | 8 | 7 | 2 | 3 | 4 | 1 | 6 |
| 7 | 3 | 5 | 2 | 8 | 1 | 6 | 4 | 9 |
| 8 | 4 | 1 | 9 | 7 | 6 | 2 | 5 | 3 |
| 9 | 2 | 6 | 5 | 3 | 4 | 8 | 7 | 1 |

## 226

| 4 | 5 | 6 | 8 | 9 | 3 | 2 | 1 | 7 |
|---|---|---|---|---|---|---|---|---|
| 8 | 3 | 2 | 1 | 6 | 7 | 9 | 4 | 5 |
| 1 | 9 | 7 | 5 | 2 | 4 | 6 | 8 | 3 |
| 5 | 2 | 1 | 6 | 4 | 8 | 7 | 3 | 9 |
| 3 | 6 | 4 | 9 | 7 | 2 | 8 | 5 | 1 |
| 9 | 7 | 8 | 3 | 1 | 5 | 4 | 2 | 6 |
| 6 | 8 | 9 | 4 | 3 | 1 | 5 | 7 | 2 |
| 2 | 4 | 3 | 7 | 5 | 9 | 1 | 6 | 8 |
| 7 | 1 | 5 | 2 | 8 | 6 | 3 | 9 | 4 |

## 227

| 4 | 6 | 1 | 8 | 2 | 5 | 3 | 9 | 7 |
|---|---|---|---|---|---|---|---|---|
| 9 | 5 | 2 | 3 | 7 | 4 | 6 | 1 | 8 |
| 7 | 8 | 3 | 6 | 1 | 9 | 2 | 5 | 4 |
| 5 | 3 | 7 | 1 | 9 | 8 | 4 | 2 | 6 |
| 2 | 4 | 6 | 5 | 3 | 7 | 9 | 8 | 1 |
| 1 | 9 | 8 | 2 | 4 | 6 | 5 | 7 | 3 |
| 3 | 1 | 9 | 4 | 8 | 2 | 7 | 6 | 5 |
| 6 | 7 | 4 | 9 | 5 | 1 | 8 | 3 | 2 |
| 8 | 2 | 5 | 7 | 6 | 3 | 1 | 4 | 9 |

## 228

| 5 | 7 | 4 | 8 | 6 | 1 | 2 | 9 | 3 |
|---|---|---|---|---|---|---|---|---|
| 8 | 1 | 9 | 2 | 3 | 4 | 5 | 7 | 6 |
| 6 | 2 | 3 | 7 | 5 | 9 | 4 | 1 | 8 |
| 7 | 3 | 6 | 1 | 2 | 5 | 9 | 8 | 4 |
| 2 | 4 | 5 | 6 | 9 | 8 | 1 | 3 | 7 |
| 9 | 8 | 1 | 4 | 7 | 3 | 6 | 5 | 2 |
| 4 | 5 | 8 | 3 | 1 | 6 | 7 | 2 | 9 |
| 3 | 9 | 2 | 5 | 4 | 7 | 8 | 6 | 1 |
| 1 | 6 | 7 | 9 | 8 | 2 | 3 | 4 | 5 |

## 229

| 9 | 6 | 4 | 7 | 2 | 3 | 1 | 8 | 5 |
|---|---|---|---|---|---|---|---|---|
| 5 | 7 | 8 | 1 | 4 | 9 | 2 | 6 | 3 |
| 3 | 2 | 1 | 8 | 5 | 6 | 7 | 9 | 4 |
| 7 | 4 | 3 | 6 | 9 | 1 | 5 | 2 | 8 |
| 2 | 9 | 5 | 3 | 8 | 4 | 6 | 7 | 1 |
| 8 | 1 | 6 | 2 | 7 | 5 | 4 | 3 | 9 |
| 6 | 5 | 7 | 4 | 3 | 8 | 9 | 1 | 2 |
| 1 | 3 | 9 | 5 | 6 | 2 | 8 | 4 | 7 |
| 4 | 8 | 2 | 9 | 1 | 7 | 3 | 5 | 6 |

## 230

| 3 | 8 | 6 | 1 | 7 | 5 | 2 | 9 | 4 |
|---|---|---|---|---|---|---|---|---|
| 2 | 5 | 9 | 4 | 6 | 3 | 7 | 8 | 1 |
| 4 | 7 | 1 | 9 | 2 | 8 | 6 | 3 | 5 |
| 8 | 9 | 3 | 2 | 5 | 4 | 1 | 7 | 6 |
| 7 | 6 | 4 | 3 | 9 | 1 | 5 | 2 | 8 |
| 1 | 2 | 5 | 6 | 8 | 7 | 9 | 4 | 3 |
| 9 | 1 | 8 | 7 | 3 | 6 | 4 | 5 | 2 |
| 6 | 3 | 7 | 5 | 4 | 2 | 8 | 1 | 9 |
| 5 | 4 | 2 | 8 | 1 | 9 | 3 | 6 | 7 |

## 231

| 9 | 1 | 3 | 6 | 2 | 7 | 5 | 4 | 8 |
|---|---|---|---|---|---|---|---|---|
| 4 | 6 | 2 | 8 | 5 | 3 | 9 | 1 | 7 |
| 7 | 8 | 5 | 1 | 4 | 9 | 6 | 3 | 2 |
| 5 | 3 | 7 | 9 | 8 | 2 | 4 | 6 | 1 |
| 8 | 9 | 4 | 7 | 6 | 1 | 3 | 2 | 5 |
| 6 | 2 | 1 | 5 | 3 | 4 | 7 | 8 | 9 |
| 1 | 4 | 9 | 3 | 7 | 8 | 2 | 5 | 6 |
| 3 | 7 | 6 | 2 | 1 | 5 | 8 | 9 | 4 |
| 2 | 5 | 8 | 4 | 9 | 6 | 1 | 7 | 3 |

## 232

| 4 | 5 | 7 | 6 | 3 | 2 | 8 | 1 | 9 |
|---|---|---|---|---|---|---|---|---|
| 9 | 6 | 1 | 5 | 8 | 4 | 2 | 7 | 3 |
| 3 | 8 | 2 | 9 | 7 | 1 | 4 | 5 | 6 |
| 8 | 1 | 4 | 7 | 6 | 9 | 5 | 3 | 2 |
| 6 | 2 | 9 | 3 | 4 | 5 | 7 | 8 | 1 |
| 5 | 7 | 3 | 1 | 2 | 8 | 9 | 6 | 4 |
| 1 | 4 | 8 | 2 | 5 | 6 | 3 | 9 | 7 |
| 2 | 3 | 6 | 8 | 9 | 7 | 1 | 4 | 5 |
| 7 | 9 | 5 | 4 | 1 | 3 | 6 | 2 | 8 |

## 233

| 9 | 3 | 7 | 8 | 5 | 4 | 6 | 2 | 1 |
|---|---|---|---|---|---|---|---|---|
| 4 | 6 | 8 | 7 | 2 | 1 | 3 | 9 | 5 |
| 2 | 5 | 1 | 6 | 3 | 9 | 7 | 4 | 8 |
| 6 | 8 | 2 | 5 | 9 | 7 | 4 | 1 | 3 |
| 5 | 7 | 3 | 1 | 4 | 6 | 9 | 8 | 2 |
| 1 | 9 | 4 | 3 | 8 | 2 | 5 | 7 | 6 |
| 8 | 4 | 6 | 2 | 7 | 5 | 1 | 3 | 9 |
| 3 | 1 | 9 | 4 | 6 | 8 | 2 | 5 | 7 |
| 7 | 2 | 5 | 9 | 1 | 3 | 8 | 6 | 4 |

## 234

| 2 | 3 | 5 | 9 | 8 | 6 | 4 | 7 | 1 |
|---|---|---|---|---|---|---|---|---|
| 4 | 9 | 6 | 1 | 7 | 3 | 5 | 2 | 8 |
| 8 | 7 | 1 | 5 | 4 | 2 | 9 | 6 | 3 |
| 1 | 8 | 9 | 2 | 5 | 4 | 6 | 3 | 7 |
| 5 | 2 | 7 | 3 | 6 | 9 | 1 | 8 | 4 |
| 3 | 6 | 4 | 7 | 1 | 8 | 2 | 9 | 5 |
| 7 | 4 | 8 | 6 | 9 | 1 | 3 | 5 | 2 |
| 9 | 5 | 3 | 4 | 2 | 7 | 8 | 1 | 6 |
| 6 | 1 | 2 | 8 | 3 | 5 | 7 | 4 | 9 |

## 235

| 3 | 8 | 4 | 5 | 1 | 7 | 9 | 6 | 2 |
|---|---|---|---|---|---|---|---|---|
| 5 | 9 | 7 | 2 | 4 | 6 | 1 | 3 | 8 |
| 6 | 2 | 1 | 8 | 3 | 9 | 5 | 4 | 7 |
| 9 | 1 | 2 | 4 | 8 | 5 | 3 | 7 | 6 |
| 4 | 5 | 3 | 6 | 7 | 2 | 8 | 1 | 9 |
| 7 | 6 | 8 | 1 | 9 | 3 | 4 | 2 | 5 |
| 1 | 7 | 5 | 3 | 6 | 8 | 2 | 9 | 4 |
| 8 | 3 | 6 | 9 | 2 | 4 | 7 | 5 | 1 |
| 2 | 4 | 9 | 7 | 5 | 1 | 6 | 8 | 3 |

## 236

| 4 | 2 | 3 | 7 | 5 | 6 | 1 | 8 | 9 |
|---|---|---|---|---|---|---|---|---|
| 6 | 8 | 5 | 1 | 9 | 3 | 4 | 2 | 7 |
| 1 | 9 | 7 | 8 | 4 | 2 | 3 | 6 | 5 |
| 2 | 1 | 9 | 3 | 8 | 7 | 6 | 5 | 4 |
| 7 | 6 | 8 | 5 | 2 | 4 | 9 | 1 | 3 |
| 3 | 5 | 4 | 6 | 1 | 9 | 8 | 7 | 2 |
| 8 | 4 | 1 | 9 | 7 | 5 | 2 | 3 | 6 |
| 5 | 3 | 2 | 4 | 6 | 8 | 7 | 9 | 1 |
| 9 | 7 | 6 | 2 | 3 | 1 | 5 | 4 | 8 |

## 237

| 5 | 7 | 1 | 3 | 9 | 6 | 8 | 4 | 2 |
|---|---|---|---|---|---|---|---|---|
| 4 | 2 | 9 | 5 | 7 | 8 | 6 | 3 | 1 |
| 8 | 3 | 6 | 2 | 1 | 4 | 7 | 9 | 5 |
| 3 | 1 | 5 | 7 | 8 | 2 | 4 | 6 | 9 |
| 6 | 4 | 7 | 9 | 3 | 1 | 5 | 2 | 8 |
| 2 | 9 | 8 | 6 | 4 | 5 | 3 | 1 | 7 |
| 1 | 5 | 2 | 8 | 6 | 3 | 9 | 7 | 4 |
| 9 | 8 | 3 | 4 | 2 | 7 | 1 | 5 | 6 |
| 7 | 6 | 4 | 1 | 5 | 9 | 2 | 8 | 3 |

## 238

| 3 | 8 | 4 | 9 | 2 | 5 | 7 | 1 | 6 |
|---|---|---|---|---|---|---|---|---|
| 7 | 2 | 1 | 8 | 6 | 3 | 4 | 9 | 5 |
| 9 | 5 | 6 | 1 | 4 | 7 | 8 | 3 | 2 |
| 8 | 4 | 9 | 2 | 7 | 6 | 3 | 5 | 1 |
| 2 | 1 | 7 | 5 | 3 | 9 | 6 | 4 | 8 |
| 5 | 6 | 3 | 4 | 1 | 8 | 9 | 2 | 7 |
| 4 | 7 | 5 | 6 | 9 | 2 | 1 | 8 | 3 |
| 6 | 9 | 2 | 3 | 8 | 1 | 5 | 7 | 4 |
| 1 | 3 | 8 | 7 | 5 | 4 | 2 | 6 | 9 |

## 239

| 2 | 7 | 1 | 4 | 3 | 8 | 6 | 9 | 5 |
|---|---|---|---|---|---|---|---|---|
| 4 | 5 | 8 | 6 | 9 | 2 | 3 | 1 | 7 |
| 3 | 6 | 9 | 7 | 1 | 5 | 2 | 4 | 8 |
| 5 | 9 | 2 | 8 | 7 | 1 | 4 | 6 | 3 |
| 7 | 8 | 3 | 9 | 6 | 4 | 5 | 2 | 1 |
| 1 | 4 | 6 | 2 | 5 | 3 | 7 | 8 | 9 |
| 9 | 3 | 5 | 1 | 4 | 6 | 8 | 7 | 2 |
| 8 | 1 | 4 | 5 | 2 | 7 | 9 | 3 | 6 |
| 6 | 2 | 7 | 3 | 8 | 9 | 1 | 5 | 4 |

## 240

| 3 | 5 | 1 | 2 | 7 | 8 | 9 | 6 | 4 |
|---|---|---|---|---|---|---|---|---|
| 6 | 2 | 7 | 4 | 1 | 9 | 5 | 3 | 8 |
| 8 | 9 | 4 | 5 | 6 | 3 | 2 | 1 | 7 |
| 1 | 7 | 5 | 3 | 8 | 4 | 6 | 9 | 2 |
| 2 | 3 | 6 | 7 | 9 | 5 | 4 | 8 | 1 |
| 9 | 4 | 8 | 1 | 2 | 6 | 3 | 7 | 5 |
| 4 | 6 | 2 | 8 | 3 | 7 | 1 | 5 | 9 |
| 5 | 8 | 9 | 6 | 4 | 1 | 7 | 2 | 3 |
| 7 | 1 | 3 | 9 | 5 | 2 | 8 | 4 | 6 |

## 241

| 7 | 6 | 8 | 5 | 2 | 1 | 9 | 3 | 4 |
|---|---|---|---|---|---|---|---|---|
| 3 | 9 | 4 | 7 | 8 | 6 | 2 | 1 | 5 |
| 5 | 2 | 1 | 4 | 3 | 9 | 8 | 6 | 7 |
| 2 | 1 | 3 | 8 | 6 | 7 | 4 | 5 | 9 |
| 4 | 7 | 9 | 2 | 1 | 5 | 3 | 8 | 6 |
| 6 | 8 | 5 | 3 | 9 | 4 | 1 | 7 | 2 |
| 9 | 3 | 2 | 6 | 5 | 8 | 7 | 4 | 1 |
| 1 | 4 | 6 | 9 | 7 | 3 | 5 | 2 | 8 |
| 8 | 5 | 7 | 1 | 4 | 2 | 6 | 9 | 3 |

## 242

| 2 | 9 | 6 | 1 | 7 | 4 | 8 | 5 | 3 |
|---|---|---|---|---|---|---|---|---|
| 1 | 8 | 7 | 5 | 3 | 9 | 4 | 6 | 2 |
| 5 | 3 | 4 | 8 | 2 | 6 | 7 | 9 | 1 |
| 3 | 4 | 1 | 2 | 9 | 8 | 5 | 7 | 6 |
| 9 | 2 | 5 | 7 | 6 | 3 | 1 | 4 | 8 |
| 7 | 6 | 8 | 4 | 5 | 1 | 3 | 2 | 9 |
| 4 | 7 | 3 | 6 | 8 | 2 | 9 | 1 | 5 |
| 8 | 5 | 2 | 9 | 1 | 7 | 6 | 3 | 4 |
| 6 | 1 | 9 | 3 | 4 | 5 | 2 | 8 | 7 |

## 243

| 3 | 1 | 4 | 7 | 2 | 6 | 5 | 8 | 9 |
|---|---|---|---|---|---|---|---|---|
| 8 | 9 | 5 | 3 | 4 | 1 | 7 | 2 | 6 |
| 7 | 2 | 6 | 5 | 8 | 9 | 4 | 1 | 3 |
| 2 | 5 | 7 | 6 | 3 | 8 | 1 | 9 | 4 |
| 4 | 8 | 3 | 1 | 9 | 7 | 6 | 5 | 2 |
| 1 | 6 | 9 | 4 | 5 | 2 | 3 | 7 | 8 |
| 9 | 7 | 1 | 2 | 6 | 4 | 8 | 3 | 5 |
| 6 | 3 | 8 | 9 | 1 | 5 | 2 | 4 | 7 |
| 5 | 4 | 2 | 8 | 7 | 3 | 9 | 6 | 1 |

## 244

| 8 | 1 | 5 | 4 | 7 | 3 | 6 | 9 | 2 |
|---|---|---|---|---|---|---|---|---|
| 7 | 2 | 3 | 9 | 5 | 6 | 1 | 4 | 8 |
| 9 | 4 | 6 | 1 | 2 | 8 | 5 | 3 | 7 |
| 4 | 5 | 7 | 6 | 8 | 1 | 3 | 2 | 9 |
| 3 | 9 | 2 | 5 | 4 | 7 | 8 | 1 | 6 |
| 1 | 6 | 8 | 2 | 3 | 9 | 4 | 7 | 5 |
| 2 | 8 | 4 | 3 | 9 | 5 | 7 | 6 | 1 |
| 5 | 3 | 1 | 7 | 6 | 2 | 9 | 8 | 4 |
| 6 | 7 | 9 | 8 | 1 | 4 | 2 | 5 | 3 |

## 245

| 1 | 2 | 7 | 8 | 4 | 6 | 9 | 5 | 3 |
|---|---|---|---|---|---|---|---|---|
| 8 | 4 | 9 | 3 | 7 | 5 | 6 | 2 | 1 |
| 6 | 3 | 5 | 2 | 9 | 1 | 4 | 7 | 8 |
| 2 | 6 | 3 | 4 | 5 | 8 | 1 | 9 | 7 |
| 7 | 1 | 8 | 6 | 2 | 9 | 3 | 4 | 5 |
| 9 | 5 | 4 | 1 | 3 | 7 | 2 | 8 | 6 |
| 5 | 7 | 2 | 9 | 1 | 3 | 8 | 6 | 4 |
| 4 | 8 | 1 | 7 | 6 | 2 | 5 | 3 | 9 |
| 3 | 9 | 6 | 5 | 8 | 4 | 7 | 1 | 2 |

## 246

| 7 | 4 | 6 | 1 | 9 | 3 | 8 | 2 | 5 |
|---|---|---|---|---|---|---|---|---|
| 2 | 3 | 8 | 6 | 5 | 7 | 1 | 9 | 4 |
| 9 | 1 | 5 | 2 | 4 | 8 | 7 | 6 | 3 |
| 5 | 7 | 4 | 9 | 8 | 2 | 6 | 3 | 1 |
| 8 | 2 | 3 | 7 | 6 | 1 | 5 | 4 | 9 |
| 6 | 9 | 1 | 4 | 3 | 5 | 2 | 7 | 8 |
| 4 | 6 | 2 | 8 | 1 | 9 | 3 | 5 | 7 |
| 3 | 8 | 9 | 5 | 7 | 6 | 4 | 1 | 2 |
| 1 | 5 | 7 | 3 | 2 | 4 | 9 | 8 | 6 |

## 247

| 5 | 6 | 4 | 8 | 1 | 3 | 7 | 9 | 2 |
| 1 | 9 | 8 | 2 | 7 | 6 | 3 | 5 | 4 |
| 2 | 7 | 3 | 5 | 9 | 4 | 6 | 1 | 8 |
| 4 | 8 | 7 | 9 | 3 | 1 | 2 | 6 | 5 |
| 6 | 3 | 5 | 4 | 8 | 2 | 9 | 7 | 1 |
| 9 | 2 | 1 | 7 | 6 | 5 | 8 | 4 | 3 |
| 7 | 1 | 9 | 3 | 4 | 8 | 5 | 2 | 6 |
| 3 | 4 | 2 | 6 | 5 | 9 | 1 | 8 | 7 |
| 8 | 5 | 6 | 1 | 2 | 7 | 4 | 3 | 9 |

## 248

| 5 | 8 | 6 | 1 | 3 | 4 | 2 | 7 | 9 |
| 9 | 1 | 3 | 8 | 7 | 2 | 6 | 5 | 4 |
| 4 | 7 | 2 | 5 | 6 | 9 | 1 | 8 | 3 |
| 8 | 4 | 7 | 6 | 2 | 1 | 3 | 9 | 5 |
| 1 | 6 | 9 | 3 | 4 | 5 | 8 | 2 | 7 |
| 3 | 2 | 5 | 7 | 9 | 8 | 4 | 6 | 1 |
| 6 | 9 | 8 | 4 | 5 | 3 | 7 | 1 | 2 |
| 2 | 3 | 1 | 9 | 8 | 7 | 5 | 4 | 6 |
| 7 | 5 | 4 | 2 | 1 | 6 | 9 | 3 | 8 |

## 249

| 8 | 7 | 1 | 3 | 6 | 2 | 4 | 9 | 5 |
| 3 | 2 | 5 | 9 | 4 | 8 | 6 | 1 | 7 |
| 9 | 4 | 6 | 5 | 1 | 7 | 8 | 2 | 3 |
| 1 | 3 | 8 | 4 | 7 | 6 | 9 | 5 | 2 |
| 6 | 9 | 2 | 8 | 5 | 1 | 7 | 3 | 4 |
| 7 | 5 | 4 | 2 | 3 | 9 | 1 | 8 | 6 |
| 4 | 1 | 3 | 6 | 9 | 5 | 2 | 7 | 8 |
| 5 | 8 | 7 | 1 | 2 | 4 | 3 | 6 | 9 |
| 2 | 6 | 9 | 7 | 8 | 3 | 5 | 4 | 1 |

## 250

| 5 | 6 | 7 | 2 | 9 | 4 | 1 | 8 | 3 |
| 4 | 2 | 1 | 8 | 6 | 3 | 7 | 5 | 9 |
| 3 | 8 | 9 | 5 | 1 | 7 | 6 | 4 | 2 |
| 2 | 3 | 8 | 7 | 4 | 6 | 9 | 1 | 5 |
| 7 | 1 | 4 | 9 | 3 | 5 | 8 | 2 | 6 |
| 9 | 5 | 6 | 1 | 8 | 2 | 3 | 7 | 4 |
| 6 | 7 | 5 | 3 | 2 | 1 | 4 | 9 | 8 |
| 1 | 9 | 3 | 4 | 5 | 8 | 2 | 6 | 7 |
| 8 | 4 | 2 | 6 | 7 | 9 | 5 | 3 | 1 |

## 251

| 2 | 6 | 8 | 7 | 1 | 9 | 4 | 3 | 5 |
| 9 | 4 | 1 | 5 | 3 | 8 | 2 | 6 | 7 |
| 5 | 7 | 3 | 4 | 6 | 2 | 9 | 8 | 1 |
| 6 | 9 | 4 | 1 | 8 | 5 | 7 | 2 | 3 |
| 8 | 1 | 5 | 3 | 2 | 7 | 6 | 4 | 9 |
| 7 | 3 | 2 | 6 | 9 | 4 | 5 | 1 | 8 |
| 3 | 5 | 6 | 2 | 7 | 1 | 8 | 9 | 4 |
| 4 | 2 | 9 | 8 | 5 | 3 | 1 | 7 | 6 |
| 1 | 8 | 7 | 9 | 4 | 6 | 3 | 5 | 2 |

## 252

| 4 | 2 | 7 | 1 | 6 | 5 | 9 | 3 | 8 |
| 5 | 6 | 9 | 8 | 7 | 3 | 1 | 2 | 4 |
| 3 | 8 | 1 | 9 | 4 | 2 | 5 | 7 | 6 |
| 6 | 4 | 3 | 7 | 9 | 1 | 2 | 8 | 5 |
| 2 | 7 | 8 | 5 | 3 | 6 | 4 | 1 | 9 |
| 9 | 1 | 5 | 4 | 2 | 8 | 7 | 6 | 3 |
| 8 | 5 | 2 | 3 | 1 | 9 | 6 | 4 | 7 |
| 7 | 3 | 6 | 2 | 5 | 4 | 8 | 9 | 1 |
| 1 | 9 | 4 | 6 | 8 | 7 | 3 | 5 | 2 |

## 253

| 7 | 5 | 8 | 1 | 6 | 3 | 4 | 9 | 2 |
|---|---|---|---|---|---|---|---|---|
| 3 | 2 | 6 | 8 | 4 | 9 | 7 | 1 | 5 |
| 9 | 4 | 1 | 7 | 2 | 5 | 6 | 8 | 3 |
| 2 | 1 | 5 | 3 | 9 | 4 | 8 | 6 | 7 |
| 6 | 8 | 3 | 2 | 1 | 7 | 9 | 5 | 4 |
| 4 | 9 | 7 | 5 | 8 | 6 | 2 | 3 | 1 |
| 8 | 7 | 4 | 9 | 5 | 1 | 3 | 2 | 6 |
| 5 | 6 | 9 | 4 | 3 | 2 | 1 | 7 | 8 |
| 1 | 3 | 2 | 6 | 7 | 8 | 5 | 4 | 9 |

## 254

| 4 | 6 | 5 | 7 | 9 | 3 | 1 | 8 | 2 |
|---|---|---|---|---|---|---|---|---|
| 7 | 9 | 3 | 1 | 2 | 8 | 5 | 4 | 6 |
| 8 | 2 | 1 | 5 | 6 | 4 | 9 | 3 | 7 |
| 2 | 4 | 7 | 6 | 3 | 1 | 8 | 5 | 9 |
| 1 | 3 | 6 | 9 | 8 | 5 | 7 | 2 | 4 |
| 5 | 8 | 9 | 2 | 4 | 7 | 3 | 6 | 1 |
| 9 | 7 | 4 | 8 | 5 | 6 | 2 | 1 | 3 |
| 6 | 1 | 8 | 3 | 7 | 2 | 4 | 9 | 5 |
| 3 | 5 | 2 | 4 | 1 | 9 | 6 | 7 | 8 |

## 255

| 7 | 8 | 3 | 6 | 9 | 5 | 1 | 2 | 4 |
|---|---|---|---|---|---|---|---|---|
| 6 | 1 | 9 | 4 | 7 | 2 | 8 | 5 | 3 |
| 2 | 4 | 5 | 1 | 8 | 3 | 7 | 6 | 9 |
| 1 | 7 | 2 | 9 | 5 | 6 | 4 | 3 | 8 |
| 9 | 6 | 4 | 3 | 1 | 8 | 2 | 7 | 5 |
| 5 | 3 | 8 | 2 | 4 | 7 | 9 | 1 | 6 |
| 8 | 5 | 6 | 7 | 2 | 4 | 3 | 9 | 1 |
| 3 | 2 | 1 | 8 | 6 | 9 | 5 | 4 | 7 |
| 4 | 9 | 7 | 5 | 3 | 1 | 6 | 8 | 2 |

## 256

| 9 | 2 | 6 | 4 | 3 | 5 | 8 | 7 | 1 |
|---|---|---|---|---|---|---|---|---|
| 1 | 7 | 8 | 2 | 9 | 6 | 5 | 4 | 3 |
| 4 | 5 | 3 | 8 | 1 | 7 | 2 | 9 | 6 |
| 8 | 4 | 7 | 6 | 2 | 3 | 1 | 5 | 9 |
| 6 | 1 | 5 | 9 | 7 | 4 | 3 | 2 | 8 |
| 3 | 9 | 2 | 5 | 8 | 1 | 4 | 6 | 7 |
| 7 | 6 | 4 | 3 | 5 | 8 | 9 | 1 | 2 |
| 2 | 8 | 1 | 7 | 4 | 9 | 6 | 3 | 5 |
| 5 | 3 | 9 | 1 | 6 | 2 | 7 | 8 | 4 |

## 257

| 6 | 7 | 5 | 4 | 2 | 3 | 9 | 8 | 1 |
|---|---|---|---|---|---|---|---|---|
| 2 | 1 | 9 | 5 | 6 | 8 | 3 | 7 | 4 |
| 4 | 8 | 3 | 7 | 9 | 1 | 6 | 5 | 2 |
| 7 | 2 | 6 | 8 | 1 | 4 | 5 | 3 | 9 |
| 9 | 5 | 4 | 6 | 3 | 7 | 1 | 2 | 8 |
| 1 | 3 | 8 | 2 | 5 | 9 | 7 | 4 | 6 |
| 5 | 4 | 1 | 3 | 8 | 6 | 2 | 9 | 7 |
| 3 | 6 | 7 | 9 | 4 | 2 | 8 | 1 | 5 |
| 8 | 9 | 2 | 1 | 7 | 5 | 4 | 6 | 3 |

## 258

| 6 | 1 | 5 | 7 | 9 | 8 | 3 | 4 | 2 |
|---|---|---|---|---|---|---|---|---|
| 2 | 9 | 8 | 4 | 3 | 5 | 1 | 7 | 6 |
| 3 | 7 | 4 | 6 | 2 | 1 | 5 | 9 | 8 |
| 7 | 2 | 9 | 8 | 5 | 4 | 6 | 3 | 1 |
| 1 | 5 | 6 | 2 | 7 | 3 | 9 | 8 | 4 |
| 4 | 8 | 3 | 9 | 1 | 6 | 2 | 5 | 7 |
| 8 | 6 | 2 | 3 | 4 | 9 | 7 | 1 | 5 |
| 5 | 3 | 7 | 1 | 8 | 2 | 4 | 6 | 9 |
| 9 | 4 | 1 | 5 | 6 | 7 | 8 | 2 | 3 |

## 259

| 6 | 3 | 1 | 7 | 4 | 8 | 9 | 5 | 2 |
|---|---|---|---|---|---|---|---|---|
| 8 | 7 | 9 | 3 | 5 | 2 | 1 | 6 | 4 |
| 5 | 4 | 2 | 9 | 1 | 6 | 3 | 8 | 7 |
| 4 | 1 | 8 | 5 | 9 | 7 | 6 | 2 | 3 |
| 9 | 5 | 6 | 1 | 2 | 3 | 4 | 7 | 8 |
| 3 | 2 | 7 | 8 | 6 | 4 | 5 | 1 | 9 |
| 7 | 6 | 5 | 4 | 8 | 9 | 2 | 3 | 1 |
| 1 | 9 | 3 | 2 | 7 | 5 | 8 | 4 | 6 |
| 2 | 8 | 4 | 6 | 3 | 1 | 7 | 9 | 5 |

## 260

| 7 | 2 | 4 | 3 | 6 | 8 | 9 | 5 | 1 |
|---|---|---|---|---|---|---|---|---|
| 3 | 8 | 6 | 5 | 1 | 9 | 4 | 7 | 2 |
| 5 | 9 | 1 | 4 | 7 | 2 | 8 | 6 | 3 |
| 2 | 5 | 7 | 8 | 3 | 4 | 6 | 1 | 9 |
| 9 | 6 | 3 | 2 | 5 | 1 | 7 | 4 | 8 |
| 1 | 4 | 8 | 7 | 9 | 6 | 3 | 2 | 5 |
| 6 | 3 | 9 | 1 | 2 | 7 | 5 | 8 | 4 |
| 8 | 7 | 2 | 9 | 4 | 5 | 1 | 3 | 6 |
| 4 | 1 | 5 | 6 | 8 | 3 | 2 | 9 | 7 |

## 261

| 4 | 8 | 2 | 6 | 9 | 1 | 3 | 5 | 7 |
|---|---|---|---|---|---|---|---|---|
| 5 | 1 | 3 | 7 | 8 | 4 | 6 | 2 | 9 |
| 9 | 6 | 7 | 2 | 5 | 3 | 1 | 8 | 4 |
| 1 | 3 | 4 | 5 | 6 | 2 | 9 | 7 | 8 |
| 6 | 5 | 8 | 9 | 1 | 7 | 4 | 3 | 2 |
| 2 | 7 | 9 | 4 | 3 | 8 | 5 | 1 | 6 |
| 3 | 4 | 1 | 8 | 7 | 9 | 2 | 6 | 5 |
| 8 | 9 | 5 | 1 | 2 | 6 | 7 | 4 | 3 |
| 7 | 2 | 6 | 3 | 4 | 5 | 8 | 9 | 1 |

## 262

| 7 | 6 | 4 | 1 | 9 | 5 | 2 | 3 | 8 |
|---|---|---|---|---|---|---|---|---|
| 9 | 8 | 5 | 3 | 2 | 7 | 6 | 4 | 1 |
| 3 | 1 | 2 | 8 | 6 | 4 | 7 | 9 | 5 |
| 8 | 4 | 6 | 9 | 3 | 2 | 1 | 5 | 7 |
| 5 | 9 | 7 | 4 | 1 | 8 | 3 | 6 | 2 |
| 1 | 2 | 3 | 7 | 5 | 6 | 9 | 8 | 4 |
| 6 | 7 | 9 | 5 | 4 | 1 | 8 | 2 | 3 |
| 4 | 3 | 1 | 2 | 8 | 9 | 5 | 7 | 6 |
| 2 | 5 | 8 | 6 | 7 | 3 | 4 | 1 | 9 |

## 263

| 4 | 3 | 9 | 7 | 8 | 6 | 2 | 5 | 1 |
|---|---|---|---|---|---|---|---|---|
| 7 | 8 | 1 | 2 | 9 | 5 | 6 | 4 | 3 |
| 6 | 2 | 5 | 4 | 3 | 1 | 7 | 8 | 9 |
| 2 | 4 | 7 | 3 | 1 | 9 | 5 | 6 | 8 |
| 9 | 5 | 3 | 8 | 6 | 2 | 1 | 7 | 4 |
| 8 | 1 | 6 | 5 | 7 | 4 | 3 | 9 | 2 |
| 3 | 7 | 4 | 6 | 2 | 8 | 9 | 1 | 5 |
| 5 | 9 | 2 | 1 | 4 | 7 | 8 | 3 | 6 |
| 1 | 6 | 8 | 9 | 5 | 3 | 4 | 2 | 7 |

## 264

| 5 | 4 | 3 | 7 | 6 | 2 | 1 | 8 | 9 |
|---|---|---|---|---|---|---|---|---|
| 7 | 1 | 8 | 4 | 3 | 9 | 6 | 5 | 2 |
| 9 | 6 | 2 | 8 | 5 | 1 | 4 | 7 | 3 |
| 8 | 9 | 5 | 2 | 4 | 3 | 7 | 6 | 1 |
| 4 | 7 | 1 | 6 | 9 | 5 | 2 | 3 | 8 |
| 3 | 2 | 6 | 1 | 8 | 7 | 5 | 9 | 4 |
| 6 | 5 | 4 | 9 | 2 | 8 | 3 | 1 | 7 |
| 1 | 3 | 9 | 5 | 7 | 4 | 8 | 2 | 6 |
| 2 | 8 | 7 | 3 | 1 | 6 | 9 | 4 | 5 |

## 265

| 8 | 7 | 2 | 6 | 1 | 5 | 9 | 4 | 3 |
|---|---|---|---|---|---|---|---|---|
| 6 | 1 | 9 | 8 | 3 | 4 | 5 | 7 | 2 |
| 4 | 3 | 5 | 2 | 9 | 7 | 1 | 8 | 6 |
| 7 | 8 | 4 | 5 | 2 | 9 | 3 | 6 | 1 |
| 1 | 9 | 3 | 4 | 7 | 6 | 2 | 5 | 8 |
| 5 | 2 | 6 | 1 | 8 | 3 | 4 | 9 | 7 |
| 2 | 5 | 8 | 7 | 4 | 1 | 6 | 3 | 9 |
| 3 | 6 | 7 | 9 | 5 | 2 | 8 | 1 | 4 |
| 9 | 4 | 1 | 3 | 6 | 8 | 7 | 2 | 5 |

## 266

| 6 | 7 | 1 | 4 | 8 | 3 | 5 | 2 | 9 |
|---|---|---|---|---|---|---|---|---|
| 5 | 3 | 8 | 2 | 9 | 7 | 6 | 1 | 4 |
| 9 | 2 | 4 | 5 | 6 | 1 | 7 | 3 | 8 |
| 8 | 5 | 9 | 6 | 3 | 2 | 4 | 7 | 1 |
| 1 | 4 | 3 | 8 | 7 | 9 | 2 | 6 | 5 |
| 7 | 6 | 2 | 1 | 5 | 4 | 8 | 9 | 3 |
| 3 | 8 | 7 | 9 | 2 | 5 | 1 | 4 | 6 |
| 2 | 1 | 6 | 3 | 4 | 8 | 9 | 5 | 7 |
| 4 | 9 | 5 | 7 | 1 | 6 | 3 | 8 | 2 |

## 267

| 4 | 9 | 2 | 6 | 3 | 7 | 8 | 1 | 5 |
|---|---|---|---|---|---|---|---|---|
| 5 | 6 | 1 | 9 | 4 | 8 | 7 | 3 | 2 |
| 8 | 3 | 7 | 2 | 5 | 1 | 9 | 6 | 4 |
| 6 | 1 | 8 | 4 | 9 | 5 | 2 | 7 | 3 |
| 2 | 4 | 3 | 7 | 8 | 6 | 1 | 5 | 9 |
| 7 | 5 | 9 | 1 | 2 | 3 | 6 | 4 | 8 |
| 1 | 8 | 4 | 3 | 7 | 9 | 5 | 2 | 6 |
| 9 | 2 | 6 | 5 | 1 | 4 | 3 | 8 | 7 |
| 3 | 7 | 5 | 8 | 6 | 2 | 4 | 9 | 1 |

## 268

| 9 | 3 | 5 | 4 | 8 | 7 | 1 | 6 | 2 |
|---|---|---|---|---|---|---|---|---|
| 8 | 4 | 2 | 6 | 3 | 1 | 7 | 9 | 5 |
| 1 | 6 | 7 | 5 | 9 | 2 | 4 | 3 | 8 |
| 4 | 5 | 1 | 8 | 7 | 3 | 9 | 2 | 6 |
| 6 | 7 | 8 | 9 | 2 | 4 | 5 | 1 | 3 |
| 3 | 2 | 9 | 1 | 5 | 6 | 8 | 7 | 4 |
| 7 | 1 | 3 | 2 | 4 | 5 | 6 | 8 | 9 |
| 2 | 8 | 4 | 7 | 6 | 9 | 3 | 5 | 1 |
| 5 | 9 | 6 | 3 | 1 | 8 | 2 | 4 | 7 |

## 269

| 8 | 2 | 6 | 1 | 5 | 4 | 9 | 3 | 7 |
|---|---|---|---|---|---|---|---|---|
| 9 | 7 | 3 | 8 | 6 | 2 | 5 | 4 | 1 |
| 4 | 5 | 1 | 7 | 9 | 3 | 6 | 2 | 8 |
| 2 | 1 | 5 | 3 | 8 | 9 | 7 | 6 | 4 |
| 3 | 8 | 4 | 6 | 7 | 5 | 2 | 1 | 9 |
| 6 | 9 | 7 | 4 | 2 | 1 | 8 | 5 | 3 |
| 5 | 4 | 8 | 2 | 1 | 7 | 3 | 9 | 6 |
| 7 | 3 | 2 | 9 | 4 | 6 | 1 | 8 | 5 |
| 1 | 6 | 9 | 5 | 3 | 8 | 4 | 7 | 2 |

## 270

| 8 | 2 | 6 | 7 | 9 | 4 | 3 | 5 | 1 |
|---|---|---|---|---|---|---|---|---|
| 7 | 9 | 5 | 3 | 8 | 1 | 4 | 6 | 2 |
| 1 | 3 | 4 | 6 | 5 | 2 | 7 | 9 | 8 |
| 4 | 1 | 2 | 9 | 3 | 6 | 5 | 8 | 7 |
| 9 | 7 | 8 | 4 | 1 | 5 | 6 | 2 | 3 |
| 6 | 5 | 3 | 2 | 7 | 8 | 9 | 1 | 4 |
| 2 | 8 | 9 | 5 | 4 | 3 | 1 | 7 | 6 |
| 3 | 6 | 7 | 1 | 2 | 9 | 8 | 4 | 5 |
| 5 | 4 | 1 | 8 | 6 | 7 | 2 | 3 | 9 |

**271**

| 6 | 4 | 7 | 3 | 8 | 1 | 9 | 5 | 2 |
|---|---|---|---|---|---|---|---|---|
| 5 | 8 | 1 | 9 | 6 | 2 | 4 | 3 | 7 |
| 9 | 2 | 3 | 7 | 4 | 5 | 1 | 6 | 8 |
| 3 | 6 | 9 | 4 | 5 | 7 | 2 | 8 | 1 |
| 1 | 7 | 2 | 8 | 9 | 3 | 6 | 4 | 5 |
| 8 | 5 | 4 | 1 | 2 | 6 | 3 | 7 | 9 |
| 2 | 9 | 6 | 5 | 3 | 8 | 7 | 1 | 4 |
| 4 | 1 | 8 | 6 | 7 | 9 | 5 | 2 | 3 |
| 7 | 3 | 5 | 2 | 1 | 4 | 8 | 9 | 6 |

**272**

| 7 | 1 | 3 | 5 | 6 | 4 | 2 | 9 | 8 |
|---|---|---|---|---|---|---|---|---|
| 2 | 8 | 4 | 9 | 7 | 1 | 6 | 5 | 3 |
| 6 | 9 | 5 | 2 | 3 | 8 | 7 | 4 | 1 |
| 9 | 4 | 2 | 1 | 8 | 6 | 3 | 7 | 5 |
| 3 | 5 | 8 | 7 | 4 | 9 | 1 | 6 | 2 |
| 1 | 6 | 7 | 3 | 2 | 5 | 9 | 8 | 4 |
| 4 | 7 | 6 | 8 | 1 | 2 | 5 | 3 | 9 |
| 8 | 2 | 9 | 6 | 5 | 3 | 4 | 1 | 7 |
| 5 | 3 | 1 | 4 | 9 | 7 | 8 | 2 | 6 |

**273**

| 5 | 7 | 2 | 4 | 3 | 8 | 9 | 6 | 1 |
|---|---|---|---|---|---|---|---|---|
| 3 | 6 | 8 | 1 | 7 | 9 | 5 | 4 | 2 |
| 9 | 4 | 1 | 5 | 2 | 6 | 3 | 8 | 7 |
| 6 | 2 | 3 | 9 | 4 | 1 | 8 | 7 | 5 |
| 7 | 8 | 9 | 2 | 5 | 3 | 4 | 1 | 6 |
| 4 | 1 | 5 | 8 | 6 | 7 | 2 | 9 | 3 |
| 8 | 5 | 7 | 3 | 1 | 4 | 6 | 2 | 9 |
| 2 | 9 | 6 | 7 | 8 | 5 | 1 | 3 | 4 |
| 1 | 3 | 4 | 6 | 9 | 2 | 7 | 5 | 8 |

**274**

| 9 | 6 | 7 | 8 | 5 | 2 | 4 | 3 | 1 |
|---|---|---|---|---|---|---|---|---|
| 1 | 8 | 3 | 9 | 4 | 6 | 2 | 5 | 7 |
| 4 | 5 | 2 | 3 | 1 | 7 | 9 | 8 | 6 |
| 2 | 9 | 8 | 1 | 7 | 3 | 6 | 4 | 5 |
| 5 | 4 | 1 | 6 | 2 | 8 | 3 | 7 | 9 |
| 3 | 7 | 6 | 4 | 9 | 5 | 1 | 2 | 8 |
| 7 | 3 | 5 | 2 | 6 | 9 | 8 | 1 | 4 |
| 6 | 2 | 4 | 5 | 8 | 1 | 7 | 9 | 3 |
| 8 | 1 | 9 | 7 | 3 | 4 | 5 | 6 | 2 |

**275**

| 3 | 4 | 9 | 2 | 8 | 6 | 1 | 7 | 5 |
|---|---|---|---|---|---|---|---|---|
| 8 | 1 | 6 | 5 | 7 | 3 | 9 | 4 | 2 |
| 7 | 5 | 2 | 4 | 1 | 9 | 6 | 8 | 3 |
| 1 | 9 | 3 | 6 | 5 | 8 | 7 | 2 | 4 |
| 4 | 8 | 7 | 3 | 2 | 1 | 5 | 6 | 9 |
| 2 | 6 | 5 | 7 | 9 | 4 | 8 | 3 | 1 |
| 9 | 7 | 1 | 8 | 3 | 2 | 4 | 5 | 6 |
| 6 | 3 | 8 | 9 | 4 | 5 | 2 | 1 | 7 |
| 5 | 2 | 4 | 1 | 6 | 7 | 3 | 9 | 8 |

**276**

| 7 | 4 | 8 | 5 | 1 | 3 | 6 | 9 | 2 |
|---|---|---|---|---|---|---|---|---|
| 9 | 6 | 5 | 2 | 4 | 8 | 3 | 1 | 7 |
| 2 | 1 | 3 | 6 | 7 | 9 | 4 | 8 | 5 |
| 3 | 5 | 9 | 4 | 2 | 6 | 1 | 7 | 8 |
| 8 | 7 | 4 | 9 | 3 | 1 | 5 | 2 | 6 |
| 6 | 2 | 1 | 7 | 8 | 5 | 9 | 3 | 4 |
| 5 | 8 | 6 | 3 | 9 | 2 | 7 | 4 | 1 |
| 4 | 3 | 2 | 1 | 6 | 7 | 8 | 5 | 9 |
| 1 | 9 | 7 | 8 | 5 | 4 | 2 | 6 | 3 |

## 277

| 1 | 7 | 6 | 2 | 8 | 3 | 4 | 5 | 9 |
|---|---|---|---|---|---|---|---|---|
| 2 | 3 | 4 | 5 | 7 | 9 | 8 | 6 | 1 |
| 8 | 5 | 9 | 4 | 1 | 6 | 3 | 2 | 7 |
| 6 | 4 | 3 | 9 | 5 | 1 | 2 | 7 | 8 |
| 7 | 9 | 1 | 8 | 2 | 4 | 6 | 3 | 5 |
| 5 | 2 | 8 | 6 | 3 | 7 | 9 | 1 | 4 |
| 3 | 6 | 7 | 1 | 4 | 8 | 5 | 9 | 2 |
| 9 | 8 | 5 | 7 | 6 | 2 | 1 | 4 | 3 |
| 4 | 1 | 2 | 3 | 9 | 5 | 7 | 8 | 6 |

## 278

| 8 | 3 | 9 | 4 | 1 | 7 | 2 | 6 | 5 |
|---|---|---|---|---|---|---|---|---|
| 7 | 4 | 2 | 5 | 6 | 3 | 8 | 1 | 9 |
| 1 | 5 | 6 | 2 | 9 | 8 | 3 | 4 | 7 |
| 6 | 1 | 5 | 9 | 3 | 4 | 7 | 2 | 8 |
| 3 | 2 | 8 | 7 | 5 | 1 | 6 | 9 | 4 |
| 9 | 7 | 4 | 8 | 2 | 6 | 1 | 5 | 3 |
| 4 | 9 | 1 | 3 | 8 | 2 | 5 | 7 | 6 |
| 5 | 6 | 3 | 1 | 7 | 9 | 4 | 8 | 2 |
| 2 | 8 | 7 | 6 | 4 | 5 | 9 | 3 | 1 |

## 279

| 8 | 7 | 1 | 2 | 5 | 6 | 3 | 9 | 4 |
|---|---|---|---|---|---|---|---|---|
| 9 | 5 | 2 | 8 | 4 | 3 | 6 | 7 | 1 |
| 4 | 3 | 6 | 9 | 7 | 1 | 8 | 2 | 5 |
| 7 | 2 | 8 | 4 | 6 | 9 | 1 | 5 | 3 |
| 6 | 1 | 3 | 5 | 2 | 7 | 4 | 8 | 9 |
| 5 | 9 | 4 | 1 | 3 | 8 | 2 | 6 | 7 |
| 1 | 6 | 5 | 3 | 9 | 2 | 7 | 4 | 8 |
| 3 | 4 | 7 | 6 | 8 | 5 | 9 | 1 | 2 |
| 2 | 8 | 9 | 7 | 1 | 4 | 5 | 3 | 6 |

## 280

| 4 | 2 | 7 | 8 | 3 | 5 | 9 | 1 | 6 |
|---|---|---|---|---|---|---|---|---|
| 3 | 9 | 8 | 1 | 7 | 6 | 2 | 5 | 4 |
| 5 | 6 | 1 | 2 | 4 | 9 | 8 | 7 | 3 |
| 6 | 8 | 9 | 3 | 1 | 7 | 4 | 2 | 5 |
| 1 | 4 | 5 | 6 | 8 | 2 | 3 | 9 | 7 |
| 2 | 7 | 3 | 5 | 9 | 4 | 6 | 8 | 1 |
| 7 | 3 | 2 | 9 | 6 | 1 | 5 | 4 | 8 |
| 8 | 5 | 4 | 7 | 2 | 3 | 1 | 6 | 9 |
| 9 | 1 | 6 | 4 | 5 | 8 | 7 | 3 | 2 |

## 281

| 4 | 2 | 6 | 9 | 1 | 3 | 7 | 5 | 8 |
|---|---|---|---|---|---|---|---|---|
| 5 | 3 | 1 | 2 | 8 | 7 | 4 | 9 | 6 |
| 9 | 7 | 8 | 6 | 5 | 4 | 3 | 2 | 1 |
| 3 | 5 | 7 | 1 | 2 | 8 | 6 | 4 | 9 |
| 1 | 4 | 9 | 7 | 3 | 6 | 2 | 8 | 5 |
| 8 | 6 | 2 | 5 | 4 | 9 | 1 | 7 | 3 |
| 7 | 1 | 5 | 3 | 9 | 2 | 8 | 6 | 4 |
| 2 | 9 | 4 | 8 | 6 | 1 | 5 | 3 | 7 |
| 6 | 8 | 3 | 4 | 7 | 5 | 9 | 1 | 2 |

## 282

| 1 | 8 | 7 | 9 | 3 | 4 | 2 | 6 | 5 |
|---|---|---|---|---|---|---|---|---|
| 6 | 2 | 9 | 1 | 5 | 7 | 8 | 3 | 4 |
| 5 | 4 | 3 | 8 | 2 | 6 | 1 | 9 | 7 |
| 3 | 5 | 6 | 7 | 8 | 1 | 4 | 2 | 9 |
| 4 | 1 | 2 | 5 | 9 | 3 | 7 | 8 | 6 |
| 9 | 7 | 8 | 6 | 4 | 2 | 5 | 1 | 3 |
| 8 | 6 | 5 | 2 | 7 | 9 | 3 | 4 | 1 |
| 7 | 3 | 1 | 4 | 6 | 8 | 9 | 5 | 2 |
| 2 | 9 | 4 | 3 | 1 | 5 | 6 | 7 | 8 |

## 283

| 4 | 1 | 7 | 5 | 2 | 8 | 6 | 3 | 9 |
| 6 | 9 | 8 | 3 | 4 | 1 | 7 | 2 | 5 |
| 2 | 3 | 5 | 7 | 9 | 6 | 8 | 1 | 4 |
| 5 | 2 | 6 | 1 | 7 | 9 | 3 | 4 | 8 |
| 1 | 8 | 4 | 6 | 5 | 3 | 2 | 9 | 7 |
| 3 | 7 | 9 | 4 | 8 | 2 | 1 | 5 | 6 |
| 8 | 6 | 2 | 9 | 3 | 4 | 5 | 7 | 1 |
| 7 | 4 | 3 | 8 | 1 | 5 | 9 | 6 | 2 |
| 9 | 5 | 1 | 2 | 6 | 7 | 4 | 8 | 3 |

## 284

| 2 | 4 | 3 | 7 | 1 | 6 | 5 | 9 | 8 |
| 7 | 1 | 5 | 8 | 9 | 2 | 3 | 6 | 4 |
| 8 | 6 | 9 | 5 | 4 | 3 | 1 | 7 | 2 |
| 5 | 2 | 1 | 9 | 8 | 7 | 4 | 3 | 6 |
| 3 | 9 | 6 | 1 | 2 | 4 | 7 | 8 | 5 |
| 4 | 8 | 7 | 3 | 6 | 5 | 9 | 2 | 1 |
| 1 | 5 | 2 | 6 | 7 | 9 | 8 | 4 | 3 |
| 6 | 7 | 8 | 4 | 3 | 1 | 2 | 5 | 9 |
| 9 | 3 | 4 | 2 | 5 | 8 | 6 | 1 | 7 |

## 285

| 6 | 9 | 2 | 7 | 8 | 5 | 3 | 4 | 1 |
| 3 | 8 | 7 | 1 | 9 | 4 | 5 | 2 | 6 |
| 1 | 4 | 5 | 6 | 3 | 2 | 9 | 8 | 7 |
| 5 | 2 | 6 | 9 | 7 | 3 | 8 | 1 | 4 |
| 9 | 3 | 1 | 4 | 2 | 8 | 6 | 7 | 5 |
| 8 | 7 | 4 | 5 | 6 | 1 | 2 | 9 | 3 |
| 4 | 6 | 3 | 8 | 1 | 9 | 7 | 5 | 2 |
| 7 | 5 | 9 | 2 | 4 | 6 | 1 | 3 | 8 |
| 2 | 1 | 8 | 3 | 5 | 7 | 4 | 6 | 9 |

## 286

| 9 | 2 | 7 | 6 | 4 | 5 | 3 | 8 | 1 |
| 5 | 8 | 3 | 1 | 9 | 7 | 4 | 2 | 6 |
| 6 | 4 | 1 | 8 | 3 | 2 | 9 | 5 | 7 |
| 8 | 1 | 9 | 3 | 2 | 6 | 7 | 4 | 5 |
| 3 | 6 | 5 | 4 | 7 | 8 | 1 | 9 | 2 |
| 2 | 7 | 4 | 5 | 1 | 9 | 6 | 3 | 8 |
| 7 | 9 | 8 | 2 | 6 | 4 | 5 | 1 | 3 |
| 4 | 3 | 2 | 7 | 5 | 1 | 8 | 6 | 9 |
| 1 | 5 | 6 | 9 | 8 | 3 | 2 | 7 | 4 |

## 287

| 7 | 5 | 9 | 3 | 6 | 8 | 2 | 4 | 1 |
| 4 | 3 | 2 | 5 | 9 | 1 | 7 | 8 | 6 |
| 6 | 8 | 1 | 2 | 7 | 4 | 3 | 9 | 5 |
| 8 | 4 | 6 | 1 | 3 | 5 | 9 | 7 | 2 |
| 2 | 9 | 5 | 4 | 8 | 7 | 6 | 1 | 3 |
| 1 | 7 | 3 | 9 | 2 | 6 | 4 | 5 | 8 |
| 5 | 2 | 4 | 7 | 1 | 3 | 8 | 6 | 9 |
| 9 | 1 | 8 | 6 | 4 | 2 | 5 | 3 | 7 |
| 3 | 6 | 7 | 8 | 5 | 9 | 1 | 2 | 4 |

## 288

| 3 | 9 | 2 | 1 | 4 | 5 | 7 | 6 | 8 |
| 8 | 7 | 1 | 6 | 3 | 2 | 9 | 4 | 5 |
| 6 | 5 | 4 | 8 | 7 | 9 | 3 | 1 | 2 |
| 2 | 6 | 9 | 4 | 8 | 3 | 1 | 5 | 7 |
| 4 | 3 | 7 | 5 | 9 | 1 | 2 | 8 | 6 |
| 1 | 8 | 5 | 7 | 2 | 6 | 4 | 3 | 9 |
| 5 | 4 | 3 | 2 | 6 | 7 | 8 | 9 | 1 |
| 7 | 1 | 8 | 9 | 5 | 4 | 6 | 2 | 3 |
| 9 | 2 | 6 | 3 | 1 | 8 | 5 | 7 | 4 |

## 289

| 8 | 2 | 5 | 1 | 3 | 9 | 6 | 4 | 7 |
|---|---|---|---|---|---|---|---|---|
| 4 | 1 | 9 | 2 | 6 | 7 | 3 | 5 | 8 |
| 3 | 7 | 6 | 4 | 8 | 5 | 2 | 9 | 1 |
| 9 | 4 | 7 | 6 | 5 | 1 | 8 | 3 | 2 |
| 6 | 8 | 2 | 3 | 9 | 4 | 7 | 1 | 5 |
| 1 | 5 | 3 | 8 | 7 | 2 | 4 | 6 | 9 |
| 5 | 3 | 1 | 7 | 2 | 6 | 9 | 8 | 4 |
| 2 | 9 | 8 | 5 | 4 | 3 | 1 | 7 | 6 |
| 7 | 6 | 4 | 9 | 1 | 8 | 5 | 2 | 3 |

## 290

| 6 | 2 | 1 | 9 | 8 | 7 | 3 | 5 | 4 |
|---|---|---|---|---|---|---|---|---|
| 8 | 9 | 5 | 4 | 3 | 1 | 2 | 7 | 6 |
| 3 | 4 | 7 | 6 | 5 | 2 | 8 | 9 | 1 |
| 5 | 1 | 8 | 7 | 2 | 6 | 4 | 3 | 9 |
| 4 | 6 | 2 | 5 | 9 | 3 | 7 | 1 | 8 |
| 7 | 3 | 9 | 8 | 1 | 4 | 6 | 2 | 5 |
| 2 | 7 | 6 | 1 | 4 | 9 | 5 | 8 | 3 |
| 1 | 8 | 3 | 2 | 6 | 5 | 9 | 4 | 7 |
| 9 | 5 | 4 | 3 | 7 | 8 | 1 | 6 | 2 |

## 291

| 7 | 1 | 5 | 6 | 8 | 2 | 4 | 3 | 9 |
|---|---|---|---|---|---|---|---|---|
| 4 | 9 | 3 | 7 | 5 | 1 | 8 | 6 | 2 |
| 2 | 6 | 8 | 3 | 9 | 4 | 5 | 7 | 1 |
| 1 | 2 | 4 | 9 | 7 | 8 | 6 | 5 | 3 |
| 6 | 5 | 9 | 1 | 4 | 3 | 2 | 8 | 7 |
| 3 | 8 | 7 | 5 | 2 | 6 | 9 | 1 | 4 |
| 9 | 3 | 6 | 4 | 1 | 5 | 7 | 2 | 8 |
| 8 | 4 | 1 | 2 | 6 | 7 | 3 | 9 | 5 |
| 5 | 7 | 2 | 8 | 3 | 9 | 1 | 4 | 6 |

## 292

| 6 | 4 | 2 | 3 | 8 | 9 | 7 | 1 | 5 |
|---|---|---|---|---|---|---|---|---|
| 7 | 8 | 1 | 5 | 2 | 4 | 9 | 3 | 6 |
| 3 | 9 | 5 | 7 | 6 | 1 | 2 | 4 | 8 |
| 1 | 6 | 9 | 8 | 4 | 2 | 5 | 7 | 3 |
| 8 | 2 | 7 | 9 | 5 | 3 | 4 | 6 | 1 |
| 4 | 5 | 3 | 6 | 1 | 7 | 8 | 2 | 9 |
| 5 | 1 | 4 | 2 | 9 | 6 | 3 | 8 | 7 |
| 2 | 7 | 8 | 1 | 3 | 5 | 6 | 9 | 4 |
| 9 | 3 | 6 | 4 | 7 | 8 | 1 | 5 | 2 |

## 293

| 7 | 2 | 5 | 1 | 9 | 3 | 8 | 4 | 6 |
|---|---|---|---|---|---|---|---|---|
| 8 | 9 | 4 | 5 | 6 | 7 | 2 | 3 | 1 |
| 3 | 6 | 1 | 8 | 2 | 4 | 7 | 5 | 9 |
| 6 | 5 | 3 | 7 | 4 | 8 | 9 | 1 | 2 |
| 9 | 1 | 7 | 6 | 5 | 2 | 3 | 8 | 4 |
| 4 | 8 | 2 | 3 | 1 | 9 | 5 | 6 | 7 |
| 2 | 3 | 6 | 9 | 8 | 1 | 4 | 7 | 5 |
| 1 | 7 | 9 | 4 | 3 | 5 | 6 | 2 | 8 |
| 5 | 4 | 8 | 2 | 7 | 6 | 1 | 9 | 3 |

## 294

| 4 | 5 | 9 | 2 | 3 | 1 | 7 | 6 | 8 |
|---|---|---|---|---|---|---|---|---|
| 3 | 8 | 2 | 7 | 9 | 6 | 4 | 1 | 5 |
| 7 | 1 | 6 | 4 | 5 | 8 | 2 | 9 | 3 |
| 6 | 9 | 5 | 1 | 4 | 3 | 8 | 2 | 7 |
| 2 | 3 | 8 | 9 | 7 | 5 | 6 | 4 | 1 |
| 1 | 7 | 4 | 6 | 8 | 2 | 5 | 3 | 9 |
| 8 | 6 | 3 | 5 | 2 | 9 | 1 | 7 | 4 |
| 9 | 2 | 7 | 8 | 1 | 4 | 3 | 5 | 6 |
| 5 | 4 | 1 | 3 | 6 | 7 | 9 | 8 | 2 |

## 295

| 4 | 7 | 5 | 6 | 1 | 8 | 9 | 2 | 3 |
|---|---|---|---|---|---|---|---|---|
| 1 | 6 | 3 | 4 | 2 | 9 | 8 | 7 | 5 |
| 8 | 2 | 9 | 7 | 5 | 3 | 1 | 4 | 6 |
| 7 | 3 | 8 | 9 | 4 | 5 | 6 | 1 | 2 |
| 9 | 1 | 6 | 3 | 8 | 2 | 4 | 5 | 7 |
| 2 | 5 | 4 | 1 | 7 | 6 | 3 | 9 | 8 |
| 6 | 9 | 1 | 2 | 3 | 7 | 5 | 8 | 4 |
| 5 | 4 | 2 | 8 | 6 | 1 | 7 | 3 | 9 |
| 3 | 8 | 7 | 5 | 9 | 4 | 2 | 6 | 1 |

## 296

| 9 | 7 | 4 | 6 | 8 | 2 | 5 | 1 | 3 |
|---|---|---|---|---|---|---|---|---|
| 1 | 3 | 5 | 9 | 4 | 7 | 8 | 6 | 2 |
| 6 | 2 | 8 | 5 | 1 | 3 | 7 | 4 | 9 |
| 3 | 4 | 7 | 1 | 9 | 5 | 2 | 8 | 6 |
| 8 | 1 | 9 | 2 | 3 | 6 | 4 | 5 | 7 |
| 5 | 6 | 2 | 4 | 7 | 8 | 3 | 9 | 1 |
| 4 | 8 | 3 | 7 | 6 | 9 | 1 | 2 | 5 |
| 2 | 9 | 1 | 3 | 5 | 4 | 6 | 7 | 8 |
| 7 | 5 | 6 | 8 | 2 | 1 | 9 | 3 | 4 |

## 297

| 6 | 1 | 3 | 2 | 9 | 8 | 7 | 4 | 5 |
|---|---|---|---|---|---|---|---|---|
| 2 | 7 | 8 | 4 | 5 | 3 | 6 | 1 | 9 |
| 5 | 4 | 9 | 1 | 7 | 6 | 2 | 8 | 3 |
| 4 | 8 | 5 | 9 | 1 | 2 | 3 | 7 | 6 |
| 3 | 2 | 7 | 5 | 6 | 4 | 8 | 9 | 1 |
| 9 | 6 | 1 | 3 | 8 | 7 | 5 | 2 | 4 |
| 1 | 3 | 4 | 7 | 2 | 5 | 9 | 6 | 8 |
| 8 | 9 | 2 | 6 | 3 | 1 | 4 | 5 | 7 |
| 7 | 5 | 6 | 8 | 4 | 9 | 1 | 3 | 2 |

## 298

| 6 | 9 | 1 | 3 | 8 | 4 | 7 | 2 | 5 |
|---|---|---|---|---|---|---|---|---|
| 5 | 4 | 3 | 7 | 2 | 6 | 8 | 1 | 9 |
| 2 | 8 | 7 | 1 | 5 | 9 | 6 | 3 | 4 |
| 8 | 3 | 5 | 9 | 4 | 1 | 2 | 6 | 7 |
| 7 | 1 | 9 | 2 | 6 | 3 | 4 | 5 | 8 |
| 4 | 6 | 2 | 5 | 7 | 8 | 3 | 9 | 1 |
| 1 | 5 | 6 | 8 | 3 | 7 | 9 | 4 | 2 |
| 9 | 7 | 4 | 6 | 1 | 2 | 5 | 8 | 3 |
| 3 | 2 | 8 | 4 | 9 | 5 | 1 | 7 | 6 |

## 299

| 9 | 5 | 8 | 3 | 2 | 6 | 7 | 1 | 4 |
|---|---|---|---|---|---|---|---|---|
| 4 | 3 | 7 | 5 | 9 | 1 | 8 | 2 | 6 |
| 1 | 6 | 2 | 4 | 8 | 7 | 3 | 5 | 9 |
| 7 | 1 | 4 | 2 | 6 | 5 | 9 | 8 | 3 |
| 6 | 2 | 9 | 8 | 7 | 3 | 1 | 4 | 5 |
| 3 | 8 | 5 | 9 | 1 | 4 | 2 | 6 | 7 |
| 2 | 4 | 1 | 6 | 3 | 9 | 5 | 7 | 8 |
| 8 | 9 | 6 | 7 | 5 | 2 | 4 | 3 | 1 |
| 5 | 7 | 3 | 1 | 4 | 8 | 6 | 9 | 2 |

## 300

| 7 | 5 | 8 | 6 | 2 | 9 | 3 | 1 | 4 |
|---|---|---|---|---|---|---|---|---|
| 6 | 3 | 2 | 4 | 1 | 5 | 9 | 8 | 7 |
| 4 | 1 | 9 | 8 | 3 | 7 | 5 | 6 | 2 |
| 3 | 6 | 5 | 1 | 9 | 4 | 2 | 7 | 8 |
| 8 | 7 | 4 | 5 | 6 | 2 | 1 | 3 | 9 |
| 2 | 9 | 1 | 3 | 7 | 8 | 4 | 5 | 6 |
| 5 | 4 | 3 | 9 | 8 | 6 | 7 | 2 | 1 |
| 9 | 8 | 7 | 2 | 5 | 1 | 6 | 4 | 3 |
| 1 | 2 | 6 | 7 | 4 | 3 | 8 | 9 | 5 |